技能型人才培养特色名校建设规划教材

C 语言程序设计案例教程

主　编　刘素芬　张建军　王宏斌

副主编　陈慧英　刘　涛　王　敏　李　瑛

中国水利水电出版社
www.waterpub.com.cn
·北京·

内 容 提 要

本书以培养学生程序设计基本能力为目标，系统地介绍了C语言程序设计的基本知识和方法。全书共分12章：C语言基础、算法基础、选择结构程序设计、循环结构程序设计、数组、函数、指针、结构体、文件、系统设计与开发、程序编写的常见错误、C语言试题。本书结构清晰、案例丰富、语言流畅、通俗易懂，可作为高等院校各专业程序设计基础教学的教材，特别适合应用型本科、高职院校计算机及相关专业学生使用。

图书在版编目（CIP）数据

C语言程序设计案例教程 / 刘素芬，张建军，王宏斌主编. -- 北京 : 中国水利水电出版社，2018.9
技能型人才培养特色名校建设规划教材
ISBN 978-7-5170-6707-8

Ⅰ. ①C… Ⅱ. ①刘… ②张… ③王… Ⅲ. ①C语言－程序设计－高等学校－教材 Ⅳ. ①TP312.8

中国版本图书馆CIP数据核字(2018)第174713号

策划编辑：陈红华　　责任编辑：张玉玲　　封面设计：李　佳

书　　名	技能型人才培养特色名校建设规划教材 C语言程序设计案例教程 C YUYAN CHENGXU SHEJI ANLI JIAOCHENG
作　　者	主　编　刘素芬　张建军　王宏斌 副主编　陈慧英　刘　涛　王　敏　李　瑛
出版发行	中国水利水电出版社 （北京市海淀区玉渊潭南路1号D座　100038） 网址：www.waterpub.com.cn E-mail：mchannel@263.net（万水） sales@waterpub.com.cn 电话：（010）68367658（营销中心）、82562819（万水）
经　　售	全国各地新华书店和相关出版物销售网点
排　　版	北京万水电子信息有限公司
印　　刷	三河航远印刷有限公司
规　　格	184mm×260mm　16开本　13印张　291千字
版　　次	2018年9月第1版　2018年9月第1次印刷
印　　数	0001－3000册
定　　价	32.00元

凡购买我社图书，如有缺页、倒页、脱页的，本社营销中心负责调换

前　　言

C 语言是一种在国内外广泛使用的计算机程序设计语言。它具有功能丰富、表达能力强、应用广、目标程序效率高、可移植性好、使用方便灵活等特点，既有高级语言的优点，又有低级语言的某些特点，因此常被称为“中级语言”。同时，C 语言的控制结构简明清晰，是非常适合进行结构化程序设计的一种计算机语言。因此，目前国内大部分高等院校都把 C 语言作为学习其他程序设计语言或是专业课程的基础。

C 语言涉及的概念多、规则复杂、容易出错，初学者往往感觉困难。本书在详细阐述程序设计基本概念、原理和方法的基础上，采用循序渐进、深入浅出、通俗易懂的讲解方法，本着理论与实际相结合的原则，通过大量经典案例，重点讲解 C 语言的概念、规则和使用方法，便于初学者在建立正确程序设计理念的前提下，掌握利用 C 语言进行结构化程序设计的技术和方法。本书共 12 章，主要内容包括 C 语言基础、算法基础、选择结构程序设计、循环结构程序设计、数组、函数、指针、结构体、文件、系统设计与开发、程序编写的常见错误、C 语言试题。

本书可作为高等院校各专业程序设计基础教学的教材，特别适合应用型本科、高职院校计算机及相关专业学生使用。书中的案例和习题紧密结合应用，可供编程人员和 C 语言自学者参考。

本书由包头轻工职业技术学院的刘素芬、张建军、王宏斌任主编，陈慧英、刘涛、王敏、李瑛任副主编。吕润桃、赵志茹、刘泽宇、刘婧婧、孙妍、于慧凝参与了本书编写工作。

限于编者的水平，书中难免有不足和疏漏之处，希望广大读者批评指正。

编　者

2018 年 6 月

目　录

第 1 章　C 语言基础

本章要点

本章主要讲述 C 语言的发展和特点、标识符的应用、集成开发环境简介、常量和变量的定义及使用、数据类型的运用、运算符和表达式的运用，通过案例和习题练习来学习 C 语言基础知识。

学习目标

- 了解 C 语言应用的发展和特点。
- 掌握标识符、常量、变量、运算符和表达式的应用。
- 熟练使用集成开发环境来编写简单的 C 语言程序，认识 C 语言程序的结构特点，学习程序的基本编写方法。

1.1　C 语言简介

1.1.1　C 语言的应用及发展历程

目前所使用的程序设计语言都被称为“高级语言”，这些高级语言更接近于人类的自然语言和数学语言，易于学习和操作，C 语言就是其中的一种。C 语言的强大功能及使用方便等优点使得它发展十分迅速，并成为最受欢迎的语言之一。许多著名的系统软件，如 UNIX 操作系统就是由 C 语言编写的。用 C 语言再加上一些汇编语言，就更能显示 C 语言的优势了，像 PC-DOS、WORDSTAR 等就是用这种方法编写的。目前 C 语言应用特别广泛，几乎涉及程序设计的各个领域，如科学计算、系统程序设计、字处理软件和电子表格软件的开发、信息管理、计算机辅助设计、图形图像处理、数据采集、实时控制、嵌入式系统开发、网络通信、Internet 应用、人工智能等。

C 语言的产生可以追溯到 20 世纪 60 年代曾经流行的 ALGOL 60 语言。ALGOL 语言经过了 CPL（Combined Programming Language，复合程序设计语言，1963 年由英国剑桥大学研制出来）。ALGOL 语言是一门结构良好、逻辑严谨、简明易学的算法语言，但由于它离硬件比较远，不宜用来编写系统程序，应用面较窄而没能得到推广。CPL 语言在 ALGOL 60 的基础上接近硬件一些，但规模比较大，难以实现。1967 年英国剑桥大学的 Matin Richards 对 CPL 语言作了简化，推出了 BCPL（Basic Combined Programming Language）语言。1970 年美国贝尔实验室的 Ken Thompson 以 BCPL 语言为基础，又作了进一步简化，设计出了简单而又接近硬件的 B 语言（取 BCPL 的第一个字母），并用它编写了第一个 UNIX 操作系统，在PDP-7上实现。1971年在PDP-11/20上实现了B语言，并编写了UNIX操作系统。但B语言过于简单，功能有限。1972年由美国的Dennis Ritchie等人在B语言的基础上设计发明出了C语言（取BCPL的第二个字母），并首次在UNIX操作系统的DEC PDP-11计算机上使用。1978年后C语言先后移植到各种大中小型计算机和微机上，并已经独立于特定环境——UNIX和PDP小型机，同时出现了许多C语言版本，C语言的不断发展与扩充使得这些C语言之间出现了一些不一致的地方。为了改变这种情况，1988年美国国家标准协会（ANSI）在综合各种C语言版本的基础上制定了语言文本标准，称为ANSI C标准。C语言标准的制定标志着C语言的成熟，1988年以后推出的各种C语言版本对标准C是兼容的。

1.1.2 C语言的特点

C语言之所以能成为程序员的首选语言之一，是因为它具有如下特点：

（1）运算符丰富，数据处理能力强。C语言的运算符包含的范围十分广泛，把括号、下标、赋值等都作为运算符处理，灵活使用这些运算符可以实现其他高级语言难以实现的运算。

（2）数据类型丰富，具有现代语言的各种数据结构。如整型、实型、字符型、数组类型、结构体类型、共用体类型等，能够实现各种复杂数据结构的运算，尤其是C语言的指针类型，更为灵活多样。

（3）具有结构化的控制语句，如if…else、while、do…while、switch、for等，函数作为模块单位。

（4）语法限制不太严格，程序设计自由度大。用C语言编写程序要求对程序设计更加熟练，这对程序设计人员的要求更高。

（5）C语言允许直接访问物理地址，能进行位（bit）操作，能实现汇编语言的大部分功能，可以直接对硬件进行操作。

（6）可执行代码质量高，具备底层处理功能。仅比汇编程序生成的目标代码执行效率低10%～20%。

（7）可移植性好（与汇编语言相比）。在编写源代码时如果遵循ANSIC标准，源代码不作任何修改就可以在不同型号的计算机上和不同的操作系统上执行，因此C语言具有良好的可移植性。

1.2 标识符

标识符用来标识源程序中某个对象的名字，这些对象可以是语句、数据类型、函数、变量、常量、数组、文件、符号常量等的有效字符序列。简言之，标识符就是一个名字。C语言标识符包括用户标识符、保留字/关键字、预定义标识符三类。

1. 用户标识符

用户标识符是用户根据自己的需要而定义的一类标识符，用来标识变量、符号、常量、用户定义函数、数组、类型名和文件指针等对象的名字。对于这种类型的标识符，C语言有如下规定：

（1）标识符由字母、数字和下划线三种字符组成，且第一个字符必须为字母或下划线。程序中使用的用户标识符除了要遵循标识符命名规则外，还应注意“见名知义”。

（2）用户选取的标识符不能是 C 语言预留的保留字。

（3）C 语言区分字母大小写。例如 SUM、Sum 和 sum 是不同的标识符。

【实例 1-1】合法和不合法的标识符举例。

合法标识符：

sum　　average　　day　　a2　　_above

x_1_2_3　　NAME　　yes　　N　　student_1

不合法标识符：

A?（含有非法字符?）　　d.g（含有非法字符小数点）

B$36（含有非法字符$）　　#62（含有非法字符#）

123K（非字母或下划线开头）　　d-0（含有非法字符-）

Printf（使用了系统保留字）　　\n（使用了系统转义字符\n）

（4）C 语言规定了一个标识符允许的字符个数，即标识符的前若干个字符有效，超过的字符将不被识别。

2．保留字/关键字

在 C 语言中有特殊含义的英文单词称为“保留字”。作为保留字的每一个单词都有特定的含义，不允许另作他用，具体用法见表 1.1。

表 1.1　保留字

保留字	意义
Auto	指定变量的存储类型，是默认值
break	跳出循环或 switch 语句
case	定义 switch 中的 case 子句
char	定义字符型变量或指针
const	定义常量或参数
continue	在循环语句中，回到循环体的开始处重新执行循环
default	定义 switch 中的 default 子句
do	定义 do-while 语句
double	定义双精度浮点数变量
else	与 if 连用
enum	定义枚举类型
extern	声明外部变量或函数
float	定义浮点型变量或指针
for	定义 for 语句

续表

保留字	意义
goto	定义 goto 语句
if	定义 if 语句或 if-else 语句
int	定义整型变量或指针
long	定义长整型变量或指针
register	指定变量的存储类型是寄存器变量，Turbo C 中用自动变量代替
return	从函数返回
short	定义短整型变量或指针
signed	定义有符号的整型变量或指针
sizeof	获取某种类型的变量或数据所占内存的大小，是运算符
static	指定变量的存储类型是静态变量，或指定函数是静态函数
struct	定义结构体类型
switch	定义 switch 语句
typedef	为数据类型定义别名
union	定义联合体类型
unsigned	定义无符号的整型变量或数据
void	定义空类型变量或空类型指针，或指定函数没有返回值
volatile	变量的值可能在程序的外部被改变
while	定义 while 或 do-while 语句

3. 预定义标识符

在 C 语言程序中，有的操作是在程序预处理时完成的，定义这种语句使用的保留字称为预处理标识符，如函数“格式输出”（英语全称加缩写：printf）、“格式输入”（英语全称加缩写：scanf）等。预定义标识符可以作为用户标识符使用，只是这样会失去系统规定的原意，使用不当还会使程序出错。

1.3 集成开发环境

1.3.1 Visual C++ 6.0

Visual C++是 Microsoft 公司提供的在 Windows 环境下进行应用程序开发的 C/C++编译器。相比其他的编译工具而言，Visual C++在提供可视化编程方法的同时，也适用于编写直接对系统进行底层操作的程序。本书涉及的 C 语言源程序均在 Visual C++ 6.0（后简称 VC6）开发环境中进行编制和调试。

VC6 提供了可视化的集成开发环境，包括 AppWizard、ClassWizard 等实用开发工具。本节将简要介绍 VC6 集成开发环境的使用和调试方法。

在已安装 VC6 的计算机上，单击“开始”→“程序”→Microsoft Visual Studio 6.0→Microsoft Visual C++ 6.0 菜单项，进入 VC6 集成开发环境。在集成开发境中打开一个 Visual C++的应用程序，可以看到如图 1-1 所示的界面，此时 VC6 处于编辑状态。

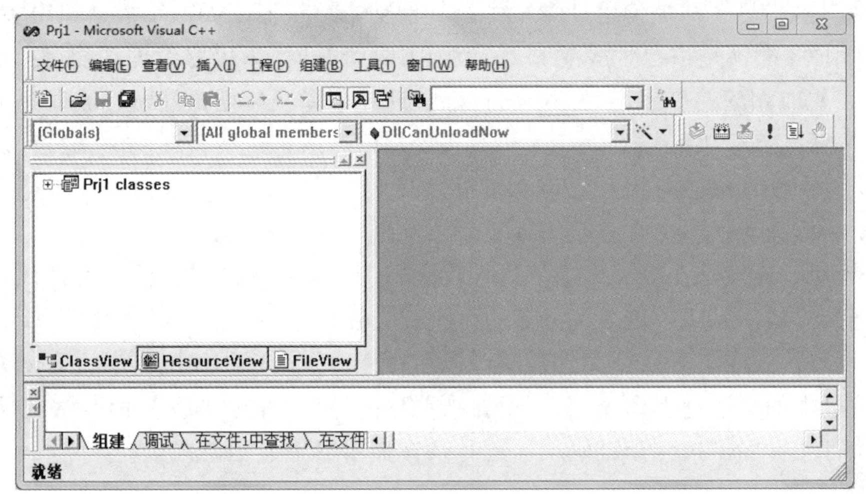

图 1-1 VC6 开发环境

其中菜单栏集成了 VC6 的各种命令、功能和设置；工具栏将最常用的命令、功能和设置直接用图标的形式给出，方便用户使用；项目工作区可以把 VC6 工程中使用的各种类和文件按树形结构来浏览；编辑区用来具体显示和编辑 VC6 工程所用到的文件；输出区用来显示编译、连接或者搜索等操作的结果。

VC6 软件包中 Developer Studio 就是一个集成开发环境，Developer Studio 除了有程序编辑器、资源编辑器、编译器、调试器以外，还有各种向导，如 AppWizard、ClassWizard、MFC 类库，这些都可以帮助程序员比较方便地开发应用程序。

向导是一个通过一步步的帮助引导用户工作的工具。Developer Studio 包含 3 个向导，用来帮助程序员开发简单的 Windows 程序。

（1）AppWizard：用来创建一个 Windows 程序的基本框架结构。AppWizard 向导一步步向程序员提出问题，询问创建项目的特征，然后根据这些特征自动生成一个可执行的程序架构，程序员可以在这个框架下进一步填充内容。AppWizard 支持 3 类程序：基于视图/文档结构的单文档应用程序、基于视图/文档结构的多文档应用程序和基于对话框的应用程序。也可以利用 AppWizard 生成最简单的控制台应用程序（Win32 Console Application）。

（2）ClassWizard：用来定义 AppWizard 所创建的程序中的类。可以利用 ClassWizard 在项目中增加、修改、删除类，为类增加处理消息的函数等。ClassWizard 也可以管理包含在对话框中的控件，可以将 MFC 对象或者类的数据成员与对话框中的控件联系起来。

（3）ActiveX Control Wizard：用于创建一个 ActiveX 控件的基本框架结构。ActiveX 控件是用户自定义的控件，它支持一系列定义的接口，可以作为一个可再利用的组件。

程序员用 C 语言编写的源程序显然不能被只能读懂二进制的计算机直接识别并运行，其间要经过一定的步骤。与开发其他高级语言的程序一样，开发一个 C 语言程序包括编辑、编译、链接和运行几个步骤。

（1）编辑。编辑是将编写好的C语言源程序通过输入设备录入到计算机中保存，生成扩展名为.c（或.cpp）的源程序文件。编辑源程序的方法有两种：一种是选用C++集成开发环境中的编辑器；另一种是使用计算机中的其他文本编辑器，如写字板、记事本等。

（2）编译。编译是将已生成的C语言源程序代码转换为机器可识别的目标代码（即二进制代码），生成相应的扩展名为.obj 的目标文件。编译又包括预处理和编译两个子过程，先执行程序中的以#开头的预处理命令进行预处理，然后再进行正常的编译过程。在编译过程中主要进行词法和语法分析，发现有不符合的，及时以 error 或 warning 信息提示用户。用户必须重新修改源程序文件直至编译正确才能进行下面的步骤。

（3）连接。连接是在编译生成的目标代码中加入某些系统提供的库文件代码，进行必要的地址连接，最后生成扩展名为.exe 的可执行文件。

（4）运行。生成了可执行文件后就可以运行程序。运行程序的方法很多，最常用的是选择集成环境中的“运行”命令来运行可执行文件，另一种方法是在 MS-DOS 提示符后直接键入可执行文件名，按回车键确认。运行后在显示器上显示结果。

1.3.2 Turbo C

Turbo C 是美国 Borland 公司开发的一个 C 语言集成环境。它集编辑、编译、连接和运行功能于一身，使得 C 程序的编辑、调试和测试非常简捷，编译和连接速度极快，使用也很方便。

当新文件建立或老文件调入后，按 Alt+R 组合键可以进行编译、连接和运行。在编译和连接过程中，如果发现错误，编译信息窗口中会显示警告和错误信息（包括错误说明和位置），并将错误所在的行反白显示，自动进入编辑状态。用户只需按一下回车键即可对出错程序行进行编辑修改。全部修改完成后，还要重新编译和连接。如果编译过程中未发现错误，系统将自动执行该程序，执行完后返回集成环境。用户若未看清屏幕显示的结果，可以按 Alt+F5 组合键进入用户屏幕阅读程序运行结果，看清楚后按任一键即可返回集成环境。

1.4 常量和变量

1.4.1 常量

常量是一种在程序执行过程中其值不能被改变的量。常量的值可以直接用一个字面值来表示，称字面常量，简称常量；也可以用一个标识符来代表，称符号常量。在C程序中，常量可以分为整型常量、实型常量、字符型常量、符号常量、字符串常量等。

1. 整型常量

整型常量即整常数，可以用十进制、八进制、十六进制 3 种形式表示。

（1）十进制整数：它们是以非 0 开头，并由 0～9 组成，可以带正负号。如 68、-123、0、-9 等。

（2）八进制整数：以数字 0 作前导，数码范围为 0～7。如 0112 表示八进制数$(112)_8$其值等于十进制数 74，-0112 表示$-(112)_8$，即十进制数-74。

（3）十六进制整数：以 0x 开头的数是十六进制数，并由基本数字 0～9 和字母 A～F 组成。如 0x119、0xE 表示十六进制数 119、E，即$(119)_{16}$、$(E)_{16}$，等于十进制数 281、14。

2. 实型常量

实型常量就是数学中的实数，在 C 语言中被称为浮点数。实型常量是一种在数值中出现小数点或指数部分的常量，又称浮点常量。它可以用两种形式表示。

（1）十进制小数形式：由十进制数字和小数点组成，又称为定点数。例如.123、123.、123.0、0.0 等。

（2）指数形式：由十进制数字底数和指数组成，指数部分以字母 e（E）开头。例如 123e3（表示 123×10^3），1.23E3（表示 1.23×10^3）、1.23E-3（表示 1.23×10^{-3}）。

实型常量的分类见表 1.2。

表 1.2　实型常量的分类

类型名称	关键字	占字节数	有效数位
单精度	float	4	7
双精度	double	8	15
长精度	long double	10	19

注意：在 C 语言中，一个实型常量如果没有任何说明，则表示是 double 型。

3. 字符常量

C 语言的字符常量是用单引号括起来的一个字符。我们可以用 ASCII 表达式来表示一个字符型常量，或者用单引号内加反斜杠表示转义字符。下面给出字符常量的定义及所有转义字符及其所对应的意义。

（1）字符常量的定义。用一对单引号括起来的单个字符称为字符常量，例如'BELJING'、'A'、'12.3'等。

（2）转义字符。转义字符序列是一个以反斜杠“\”开头的字符序列，可以表示所有具有 ASCII 码定义的字符，但主要用于表示某些特殊字符（如打印控制符，在运算符中已定义的反斜杠“\”、双引号、单引号等字符），见表 1.3。

表 1.3　常用转义字符

转义字符	含义	ASCII 码（十六/十进制）
\o	空字符（NULL）	00H/0
\n	换行符（LF）	0AH/10
\r	回车符（CR）	0DH/13
\t	水平制表符（HT）	09H/9
\v	垂直制表符（VT）	0B/11
\a	响铃（BEL）	07/7

续表

转义字符	含义	ASCII 码（十六/十进制）
\b	退格符（BS）	08H/8
\f	换页符（FF）	0CH/12
\’	单引号	27H/39
\”	双引号	22H/34
\\	反斜杠	5CH/92
\?	问号字符	3F/63
\ddd	任意字符	三位八进制
\xhh	任意字符	二位十六进制

使用转义字符时需要注意以下问题：

（1）转义字符中只能使用小写字母，每个转义字符只能看作一个字符。

（2）\v 垂直制表符和\f 换页符对屏幕没有任何影响，但会影响打印机执行的响应操作。

（3）在 C 程序中，使用不可打印字符时，通常用转义字符表示符号常量。

在 C 语言中，符号常量是一种特殊的常量。它是用一个合法的用户自定义标识符来表示一个特定的常量值（可以是一个数值、单个字符或字符串）。

定义方法：#define <标识符> (常量)

例如：#define PI 3.1415926

其中，符号常量名用标识符，习惯上用大写字母，常量可以是数字常量，也可以是字符。

字符串常量：用双引号（" "）括起来的字符序列，例如"Hello"和"China"。

1.4.2 变量

其值可以改变的量称为变量。一个变量应该有一个名字，在内存中占据一定的存储单元。变量定义必须放在变量使用之前，一般放在函数体的开头部分。要区分变量名和变量值，这是两个不同的概念。

1. 变量的定义

在 C 语言中，要求对所有使用的变量作强制定义，也就是“先定义，后使用”，即所有的变量在使用之前都必须加以说明。

变量定义的一般形式如下：

[存储属性] <数据类型> <变量名表>

例如：
```
int a,b,c;
char ch1;
float sum;
```

变量定义包括三部分：存储属性、数据类型、变量名表。存储属性决定了变量的存在性和可见性。

在变量的使用过程中，应注意以下两点：

（1）每个变量被声明为一种数据类型，编译时系统会根据确定的类型为变量分配相应的存储单元。

（2）变量名表可以是一个或多个变量名，中间用逗号分隔。

2. 变量的分类

因为整数的默认定义是有符号数，所以 signed 这一用法是多余的。这样就可以把整型变量分为以下几类：

（1）基本整型：类型说明符为 int，在内存中占 2 个字节，其取值为基本整常数。

（2）短整型：类型说明符为 short int 或 short，所占字节和取值范围均与基本型相同。

（3）长整型：类型说明符为 long int 或 long，在内存中占 4 个字节，其取值为长整常数。

（4）无符号型：类型说明符为 unsigned。

无符号型又可与上述三种类型匹配而构成以下 3 种类型：

- 无符号基本整型：类型说明符为 unsigned int 或 unsigned。
- 无符号短整型：类型说明符为 unsigned short。
- 无符号长整型：类型说明符为 unsigned long。

各种无符号类型变量所占的内存空间字节数与相应的有符号类型变量相同。但由于省去了符号位，故不能表示负数。

定义整型变量的格式举例如下：

```
int a,b,c;          /*a、b、c 为整型变量* /
long x,y;           /*x、y 为长整型变量* /
unsigned p,q;       /*p、q 为无符号整型变量* /
```

1.5　数据类型

数据是程序处理的对象。C 语言程序所处理的数据根据其特定的形式是有类型之分的。程序设计的过程就是根据实际问题选择合适的类型来表示具体的数据对象，并对这些数据对象进行有效的操作。程序所能处理的基本数据对象被划分成一些集合，属于同一集合的各数据对象称为数据类型。C 语言提供了丰富的数据类型，以满足表示各种类型数据的需要。

C 语言的基本数据类型：

- 字符型：char
- 整型：int
- 实型：float（单精度）、double（双精度）
- 无值类型：void

常用的类型修饰符：

- 有符号：singned
- 无符号：unsigned

- 长型：long
- 短型：short

（1）字符型。

类型说明符为 char，在内存中占 1 个字节。

格式：char a,b;

其中，a、b 为字符型变量。

（2）基本整型。

类型说明符为 int，在内存中占 2 个字节。

格式：int a,b,c;

其中，a、b、c 为整型变量。

（3）实型。

类型说明符为 float、double，单精度（float）实数占 4 个字节，双精度（double）实数占 8 个字节。

格式：float q;

double p;

其中，q 为单精度变量，p 为双精度变量。

（4）无值类型。

用于声明一个无返回值的函数或声明一个通用指针，请参看本书函数和指针章节。

（5）无符号型。

类型说明符为 unsigned。

格式：unsigned h,k;

其中，h、k 为无符号整型变量。

无符号型又可与上述 3 种类型匹配而构成以下 3 种类型：

- 无符号基本整型：类型说明符为 unsigned int 或 unsigned，在内存中占 2 个字节。
- 无符号短整型：类型说明符为 unsigned short，在内存中占 4 个字节。
- 无符号长整型：类型说明符为 unsigned long，在内存中占 4 个字节。

注意：各种无符号整型变量与相应的有符号整型变量所占的内存空间字节数相同，由于省去了符号位，因此无符号整型变量不能表示负数。

C 语言的数据类型及其表示范围见表 1.4。

表 1.4　C 语言的数据类型及其表示范围

类型	长度（字节）	范围
char	1	-128～127
signed char	1	-128～127
unsigned char	1	0～255
int	2	-32768～32767
signed int	2	-32768～32767
unsigned int	2	0～65535
short int	2	-32768～32767
signed short int	2	-32768～32767
unsigned short int	2	0～65535

续表

类型	长度（字节）	范围
long int signed long int	4 4	-2147483648～2147483648 -2147483648～2147483648
unsigned long int	4	0～4294967295
float	4	6～7 位有效数字，10^{-38}～10^{38}
double	8	14～15 位有效数字，10^{-308}～10^{308}
long double	10	—
void	—	—

数据的类型决定了它在内存中的存储形式，同时也决定了它能参与哪些运算。C 语言编译程序能根据数据的类型采用相应的操作代码。

1.6　运算符和表达式

C 语言运算符的范围很广，表达能力很强，除了输入输出和控制语句，几乎所有的操作都可以使用运算符实现。C 语言运算符按其功能分类有：赋值运算符、算术运算符、逻辑运算符、关系运算符。根据运算对象的个数，C 语言的运算符可分为单目运算符、双目运算符和三目运算符。最常见的是双目运算符，如算术运算符"+""-""%"等。C 语言同样允许多种或多个运算符一起运算，根据不同优先级和结合性来确定计算顺序。

1.6.1　赋值运算符

在 C 语言中，赋值被认为是一种运算，由赋值运算符将一个变量和一个表达式连接起来的式子称为赋值表达式。赋值运算的一般形式是：

<变量><赋值运算符><表达式>

其中，"="是赋值运算符。对赋值表达式求解的过程是：将赋值运算符右边的表达式的值赋值给左边的变量。赋值表达式的值就是被赋值变量的值。例如，a=10 这个赋值表达式的值是 10（变量 a 的值也是 10）。

1.6.2　算术运算符

1. 双目算术运算符

双目算术运算符是两个运算量之间的运算。它们的种类、运算符及运算功能由表 1.5 说明。

表 1.5　双目算术运算符

运算符	名称	例子	运算功能
+	加	a+b	求 a 与 b 的和
-	减	a-b	求 a 与 b 的差

续表

运算符	名称	例子	运算功能
*	乘	a*b	求 a 与 b 的积
/	除	a/b	求 a 除以 b 的商
%	取余	a%b	求 a 除以 b 的余数

注意：模运算是取整数除法的余数，所以%不能用于 float 和 double 类型的数据。

2. 单目算术运算符

单目算术运算符是对一个运算量施行的算术运算，它们是增量和减量运算符：++和--。它们的种类、运算符及运算功能由表 1.6 说明。

表 1.6 单目算术运算符

运算符	名称	例子	等价于
++	加 1	a++或++a	a=a+1
--	减 1	a--或--a	a=a-1
-	负号	-a	a 乘-1

注意：

①增 1、减 1 运算符是单目运算符，且操作对象不能是常量或表达式，只能是变量。

②++和--的结合性是自右向左，例如--i++相当于--(i++)。

③不要使用不易理解的表达式，例如 i+++j 解释成(i++)+j，若直接写成(i++)+j，则清晰得多。

1.6.3 逻辑运算符

逻辑运算的表达式称为逻辑表达式。表 1.7 列出了 C 语言的逻辑运算符。

表 1.7 逻辑运算符

运算符	名称	例子	逻辑运算
!	逻辑反	!a	a 反
&&	逻辑与	a&&b	a 与 b
||	逻辑或	a||b	a 或 b

当 a 和 b 的值为不同组合时，其运算规则见表 1.8。

表 1.8 逻辑运算真值表

数据 a	数据 b	!a	!b	a&&b	a||b
T	T	F	F	T	T
T	F	F	T	F	T
F	T	T	F	F	T
F	F	T	T	F	F

表中 T 表示真值，F 表示假值。

逻辑运算符的优先级规定：

（1）逻辑非（!）优先于双目算术运算符，双目算术运算符优先于关系运算符，关系运算符优先于逻辑与（&&），逻辑与（&&）优先于逻辑或（||）。

（2）单目逻辑运算符!和单目算术运算符+、-、++、--是同级别的，结合性是自右向左。

（3）双目逻辑运算符的结合性是自左向右。

例如：

```
(a>b)&&(c<d)          /*等价于 a>b&&c<d*/
(a==b) ||(c==d)       /*等价于 a==b||c==d*/
(!a) ||(b>c)          /*等价于!a||b>c*/
!!!x                  /*等价于!(!(!x))*/
```

1.6.4 关系运算符

关系运算符是用来比较两个运算对象大小的，判断比较的结果是否符合给定的条件。关系运算符和逻辑运算符的关键是真（true）和假（false）的概念。Turbo C 中 true 可以是不为 0 的任何值，而 false 为 0。使用关系运算符和逻辑运算符表达式时，若表达式为真（即 true），则返回 1；否则，表达式为假（即 false），返回 0。

关系运算符的作用及运算规则和结合性见表 1.9。

表 1.9　关系运算符

运算符	名称	例子	运算功能
>	大于	a>b	a 大于 b 时返回真，否则返回假
<	小于	a<b	a 小于 b 时返回真，否则返回假
>=	大于等于	a>=b	a 大于等于 b 时返回真，否则返回假
<=	小于等于	a<=b	a 小于等于 b 时返回真，否则返回假
==	等于	a==b	a 等于 b 时返回真，否则返回假
!=	不等于	a!=b	a 不等于 b 时返回真，否则返回假

（1）前 4 种关系运算符的优先级别相同，后两种也相同，前 4 种高于后两种。

（2）关系运算符的优先级低于算术运算符。

（3）关系运算符的优先级高于赋值运算符。

1.7 小型案例

1.7.1 案例一　第一个程序

1. 创建工程

要使用 VC 来编译一个 C 源文件，可以把这个文件插入一个 VC 工程中（建议采用此种方法)，也可以直接建立一个C源文件。先来介绍工程的创建步骤。

(1) 在“文件”菜单中选择“新建”菜单项，弹出“新建”对话框。

(2) 切换到“工程”选项卡，选择Win32 Console Application（Win32控制台应用程序)。

(3) 在“位置”文本框中输入工程保存的文件夹位置，也可以单击右侧的...按钮来定位文件夹。

(4) 在“工程名称”文本框中输入工程的名称，例如Prj1，其他设置不用更改，如图1-2所示。

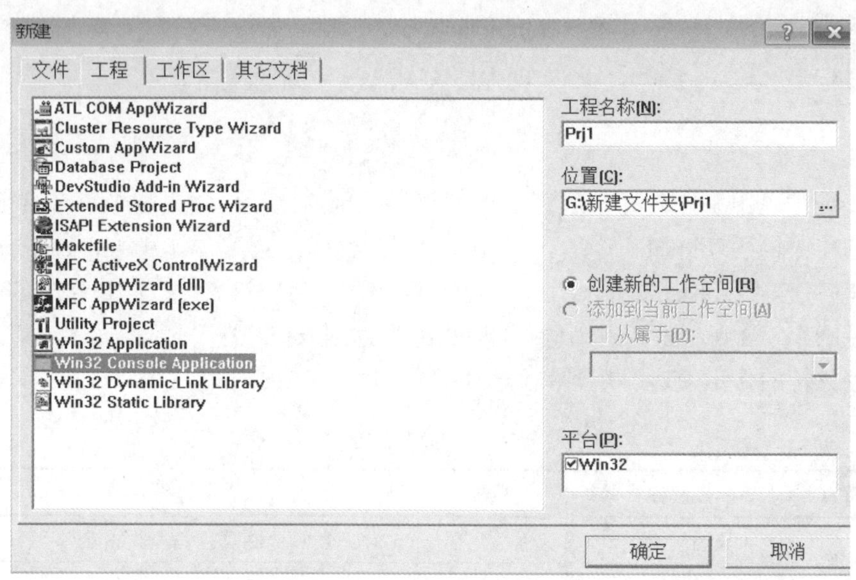

图1-2　“新建”工程对话框

(5) 单击“确定”按钮，出现Win32 Console Application设置向导，选择“一个空工程”，单击“完成”按钮，再单击“确定”按钮，工程创建结束。此时，一个空的Win32 Console Application工程就创建好了。

2. 建立C源文件

(1) 在“文件”菜单中选择“新建”菜单项，弹出“新建”对话框。

(2) 选择“文件”选项卡，再选择C++ Source File。

(3) 在“文件名”文本框中输入带后缀的源文件名，后缀为.c代表是C源文件。

(4) 保证“添加到工程”前的复选框被选中，且其下的下拉列表框所选的工程为刚刚创建的空工程的名字，如果直接建立C源文件则不需要添加到工程。

(5) 单击“确定”按钮，一个空的源文件exam1.c就被插入到工程Prj1中了，如图1-3所示。

此时，文件子窗口会打开新建的源文件，以备编辑。至此，源文件的创建结束。

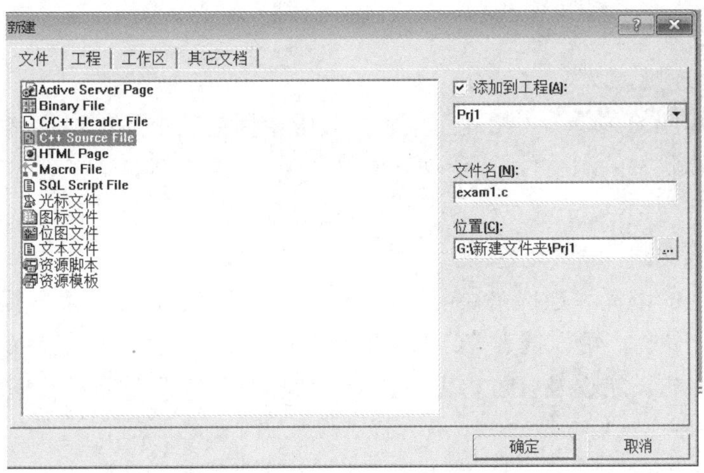

图 1-3　“新建”源文件对话框

3. 编辑、保存工程中的文件

将新建或者已有的源文件插入到工程中后，就可以在文件子窗口中对源文件中的程序代码进行编辑。在编辑区域中输入如下代码：

```
#include<stdio.h>                         /*输入输出头文件*/
void main()                               /*main()称为主函数*/
{
    printf("********************\n");     /*原样输出内容并换行*/
    printf("     C Language      \n");     /*原样输出内容并换行*/
    printf("********************\n");     /*原样输出内容并换行*/
}
```

编辑后（如图 1-4 所示），可以单击工具栏中的或按钮进行保存。其中，前一个按钮只是保存当前文件子窗口中最前端显示的被编辑文件，后一个按钮则可以保存全部源文件。

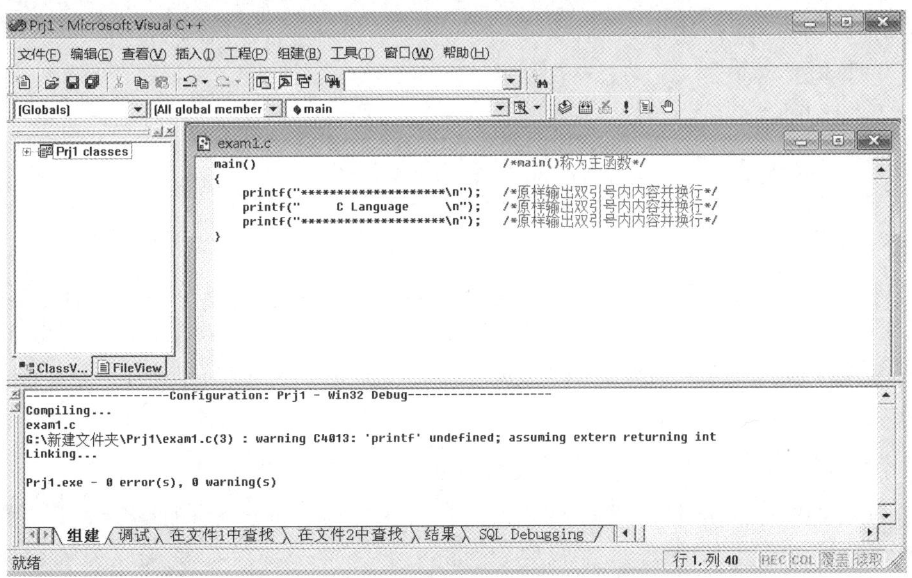

图 1-4　编辑后的源文件

4. 编译、连接和运行程序

（1）编译和连接。

编译和连接对应的菜单为“组建”菜单，其中常用的三个菜单项：“编译”菜单项，只编译当前处于编辑状态的源文件；“组建 [工程名].exe”菜单项，是在全部源文件编译之后，连接并生成可执行文件；“全部重建”菜单项，用在对源文件更改后重新编译连接。也可以单击工具栏中对应的图标和实现。

如果发现任何的编译和连接错误或警告，VC 会在输出子窗口中给出提示。双击该提示，会转到源程序的出错行。可以搜索 VC 的帮助以获取更多有关编译、连接错误的信息，以便排除这些错误和警告。错误及警告更正后，应用“全部重建”重新进行编辑和连接。

（2）运行程序。

如需运行连接好的程序，可选“组建”菜单中的“执行[工程名].exe”菜单项或单击工具栏中的对应图标，运行结果如图 1-5 所示。

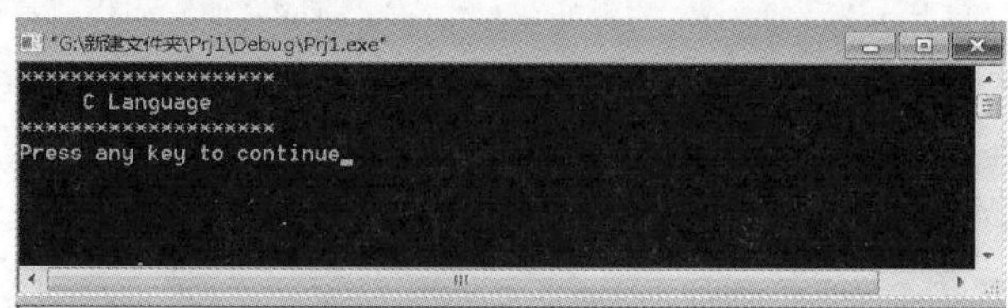

图 1-5 运行结果

1.7.2 案例二 程序结构及文件结构

一个 C 语言源程序可以包含一个或多个源文件。一个源文件中可以包含一个或多个函数。一个源程序必须有且只有一个主函数，即 main()函数。源文件可以包含预处理命令（#include、#define）。每个语句结束时用分号“;”表示结束，预处理命令和函数的花括号后不用加分号。程序结构如下：

```
#include<stdio.h>            //头文件
void main()                  //主函数
{   int a=1;                 //声明部分
    printf("%d\n",a);        //执行部分
}
```

1. 编写源程序

（1）打开 VC6 的集成开发环境，单击“文件”→“新建”命令，弹出如图 1-6 所示的对话框。

（2）按图中所示设置后单击“确定”按钮进入如图 1-7 所示的界面，在此即可编写源程序。

2. 编译调试程序

编译 Hello World.cpp 源程序，单击“组建”→“编译”命令进行编译，之后单击“组建”→“组建”命令进行连接，最后按 Ctrl+F5 组合键运行，如果程序没有错误，则在编译后会出现如图 1-8 所示的提示。

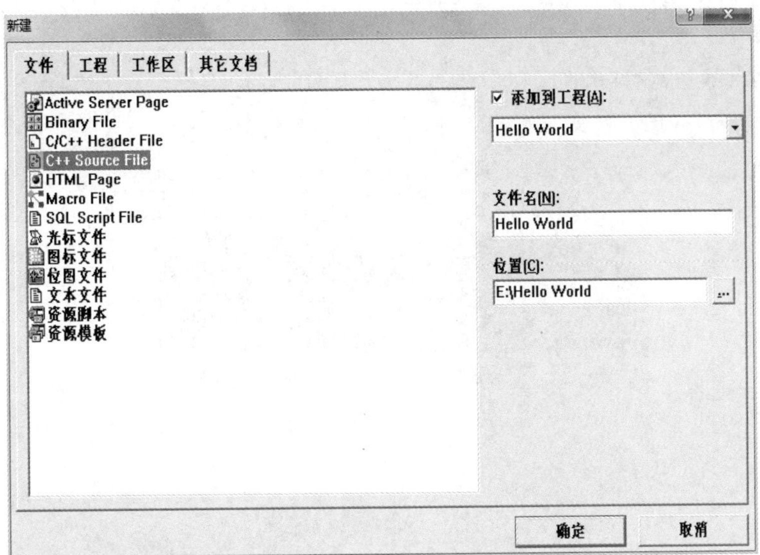

图 1-6　“新建”对话框

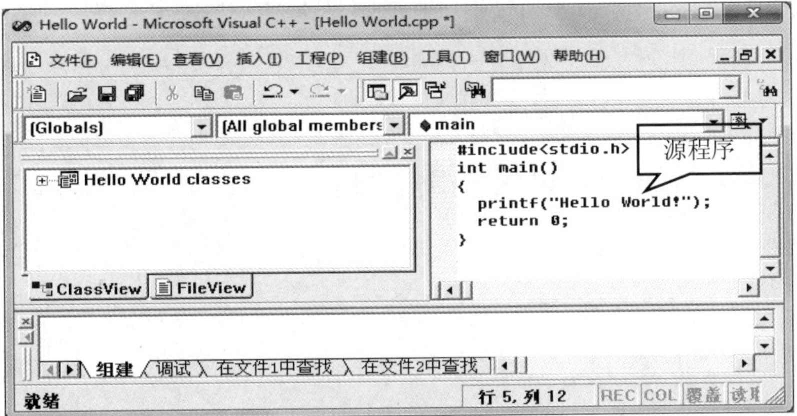

图 1-7　输入源程序

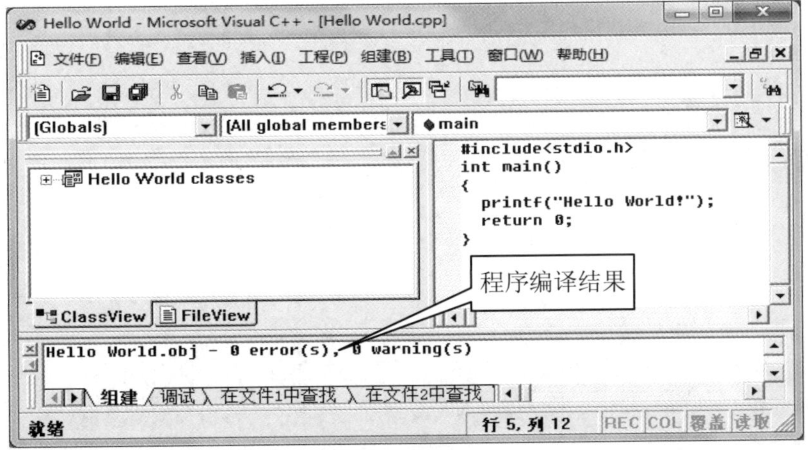

图 1-8　编译程序

3．运行程序

在 Hello World 程序编译、连接、运行后，程序的运行结果会在控制台中输出，如图 1-9 所示。

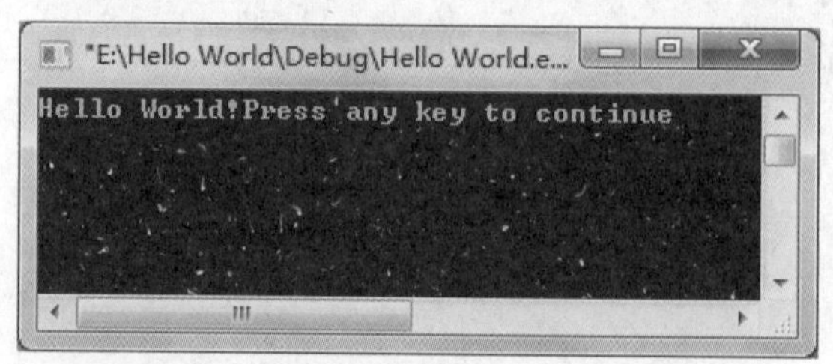

图 1-9 运行结果

1.8 本章小结

本章首先简要介绍 C 语言的发展历史和特点，说明学习 C 语言的重要性和意义；然后讲解标识符和集成开发环境 VC6 的使用；接着讲解常量、变量、运算符和表达式的使用；最后通过案例综合运用本章所学知识编写程序，为开始学习程序设计奠定基础，培养学生的动手实践能力。

1.9 习题

一、填空题

```
main()
{
    int x=560,h,m;
    h=x/60;
    m=x%60;
    printf("h=%d,m=%d",h,m);
}
```

程序的运行结果是___________。

二、选择题

1．数字字符 0 的 ASCII 值为 48，程序运行后的输出结果是（ ）。

```
main()
{
    char a='1',b='2';
    printf("%c,",b++);
    printf("%d\n",b-a);
}
```

A．2,2　　B．3,2　　C．3,3　　D．2,3

2．程序运行后的输出结果是（　　）。

```
main()
{
    int m=12,n=34;
    printf("%d%d",m++,++n);
    printf("%d%d\n",n++,++m);
}
```

A．13353614　　B．12353514　　C．13353514　　D．12343514

三、编程题

1．编程输出自己的名字和班级。

2．编程输出三行五列的“*”。

3．从键盘上输入一个正方形的边长（边长类型自己定义），求出正方形的面积。

第 2 章　算法基础

本章要点

本章主要讲述算法的概念和特性、算法描述方法，并通过案例和习题练习来掌握算法的描述方法。

学习目标

- 了解算法的基本概念及特性。
- 掌握算法的各种常用表示方式。
- 掌握结构化程序设计的 3 种基本结构，并能理解和描述简单 C 程序算法。

2.1　算法简介

算法（Algorithm）是计算机解题的基本思想方法和步骤。算法的描述是对要解决一个问题或要完成一项任务所采取的方法和步骤的描述，包括需要什么数据（输入什么数据、输出什么结果）、采用什么结构、使用什么语句以及如何安排这些语句等。通常使用自然语言、结构化流程图、伪代码等来描述算法。算法是程序设计的基础，程序设计离不开算法的设计。在现实生活中，用计算机来解决一个实际问题，必须依靠一定的工具编写一段指令（语句），一段指令（语句）序列提交给计算机，计算机就可以执行这些指令（语句），并产生相应结果。编写程序所用的语言即为程序设计语言，它为程序设计提供了一定的语法和语义，用它写出的程序必须严格遵守它的语法规则，这样编写的程序才能被计算机所接受、运行，并产生预期的结果。

2.1.1　算法的概念

算法就是一个有穷的规则的集合，其中规则确定了一个解决某个特定类型问题的运算序列。简单地说，算法就是为解决某个具体的问题而设计的有限操作步骤。事实上，我们在日常生活中，每做一件事都遵循着一定的步骤。每天早上起床，先洗脸刷牙，再吃早餐，然后去上学或者去工作。我们每天都遵循着洗脸刷牙－吃早餐－上学的步骤，这就是一个非常简单的算法，只是习以为常了，我们没有觉察。

著名计算机科学家沃思提出一个公式：

数据结构+算法=程序

实际上，一个程序除了以上两大要素之外，还涉及了所用的具体语言和设计思想。因此，完整的程序设计应该是：

算法+数据结构+程序设计方法+语言工具和环境=程序

一个程序应包括以下两方面的内容：

（1）数值运算算法。

在程序中要指定数据的类型和数据的组织形式，即数据结构。数值运算算法的目的是求数值解，如求方程的根、求一个函数的定积分等都属于数值运算范围。

（2）非数值运算算法。

即操作步骤，也就是算法。非数值运算包括的面十分广泛，主要用于解决需要通过分析推理、逻辑推理才能解决的问题，最常见的是用于事务管理领域，如图书检索、人事管理、行车调度管理等。

所以，在设计一个程序时要综合运用这四个方面的知识，在这四个方面中，算法是灵魂，数据结构是要处理的对象，语言是工具，编程需要采用合适的方法，算法是解决“做什么”和“怎么做”的问题，程序中的操作语句实际上就是算法的体现。

【实例 2-1】简单数值计算算法：求 1+2+3+…+100 的和。

累加算法的要领是形如“s=s+A”的累加式，此式必须出现在循环中才能被反复执行，从而实现累加功能。“A”通常是有规律变化的表达式，“s”在进入循环前必须获得合适的初值，通常为 0。

```
main()
{   int i,s;
    s=0;i=1;
    while(i<=100)
    {   s=s+i;              /*累加式*/
        i=i+1;              /*特殊的累加式*/
    }
    printf("1+2+3+...+100=%d\n",s);
}
```

程序中“s=s+i”部分为累加式的典型形式，赋值号左右都出现的变量称为累加器，其中“i=i+1”为特殊的累加式，每次累加的值为 1，这样的累加器又称为计数器。

【实例 2-2】用穷举法输出所有的水仙花数（即这样的三位正整数：其每位数的数字的立方和与该数相等，比如：$1^3+5^3+3^3=153$）。

```
main()
{   int x,g,s,b;
    for(x=100;x<=999;x++)
    {   g=x%10; s=x/10%10; b=x/100;
        if(b*b*b+s*s*s+g*g*g==x) printf("%d\n",x);
    }
}
```

此方法是对 100～999 的所有三位正整数一一进行考察，即将每一个三位正整数的个位数、十位数、百位数一一求出，算出三者的立方和，一旦与原数相等就输出。共考虑了 900 个三位正整数。

2.1.2 算法的特性

算法实际上是一种抽象的解题方法，它具有动态性。对同一个问题，可以有不同的解题方法和步骤。方法有优劣之分，有的方法只需很少的步骤就能解决问题，而有些方法则刚好相反。一般来说，建议采用简单和运算步骤少的方法。因此，算法的行为非常重要，作为一个算法，应具有以下特性：

（1）有效性。算法的有效性包括两个方面。一是算法中的每一个步骤必须能够实现。例如在算法中不允许分母为零的情况；在实数范围内不能求一个负数的平方根等。二是算法执行的结果要能达到预期的结果。通常，针对实际问题设计的算法，人们总是希望能够得到满意的结果。

（2）确定性。算法中每一条指令必须有确切的含义，不能有二义性，对于相同的输入必须能得到相同的执行结果。

（3）输入性。应对算法给出初始量。

（4）输出性。算法具有一个或多个输出。

（5）可行性。算法的每一步都必须是计算机能执行的有效操作。

2.2 算法描述

2.2.1 常见算法描述

描述一个算法可以有不同的方式，下面就常见的几种方式进行举例，以求1～100之间所有偶数的和为例说明算法的3种描述方法。

1. 使用自然语言描述求偶数和的算法

（1）初始值i为2。

（2）变量sum初始值为0。

（3）如果i≤100时，执行（4），否则转去执行（7）。

（4）计算sum加上i的值后，重新赋值给sum。

（5）计算i加2，然后将值重新赋值给i。

（6）转去执行（3）。

（7）输出sum的值，算法结束。

然而，用自然语言描述的算法也存在明显的缺点：

（1）由于自然语言的歧义性，容易导致算法执行的不确定性。

（2）自然语言的语句一般太长，从而导致用自然语言描述的算法太长。

（3）由于自然语言表示是按照步骤的标号顺序执行的，因此当一个算法中循环和分支较多时就很难清晰地表示出来。

（4）自然语言表示的算法不便于翻译成计算机程序设计语言。

2. 使用流程图及 N-S 盒图描述求偶数和的算法

求偶数和算法的流程图和 N-S 盒图如图 2-1 和图 2-2 所示。

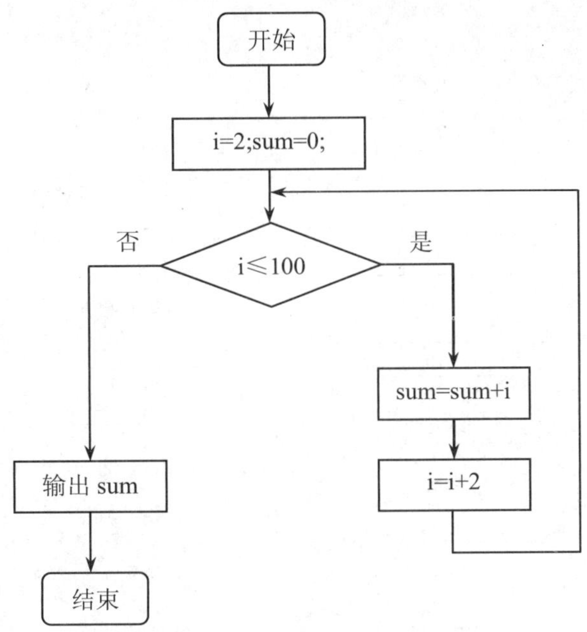

图 2-1　求偶数和算法的流程图

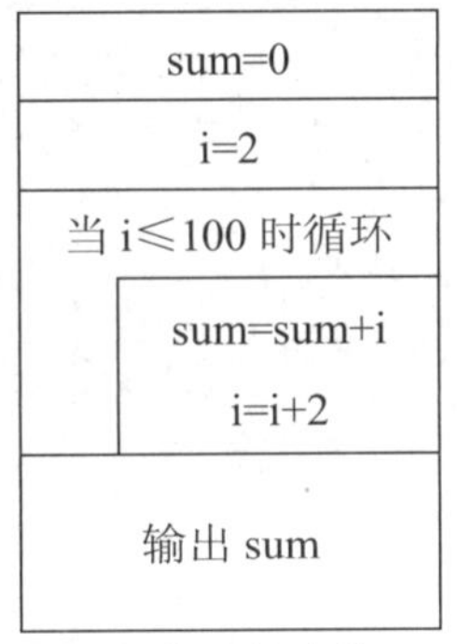

图 2-2　求偶数和算法的 N-S 盒图

3. 使用伪代码描述求偶数和的算法

伪代码是用介于自然语言和计算机语言之间的文字和符号来表示算法，伪代码的抽象程度高，描述的算法看起来更简单，相对于程序设计语言，它没有固定严格的语法规则。

例如以下算法（加有注释）：

```
BEGIN                /*算法开始*/
i=2;                 /*为变量 i 赋初值*/
sum=0;               /*为变量 sum 赋初值*/
while i<=100         /*当变量 i<=100 时，执行下面的循环语句*/
{   sum=sum+i;
    i=i+2;
```

```
}
输出 sum 的值
END                    /*算法结束*/
```

2.2.2 流程图

流程图的基本图示如图 2-3 所示。

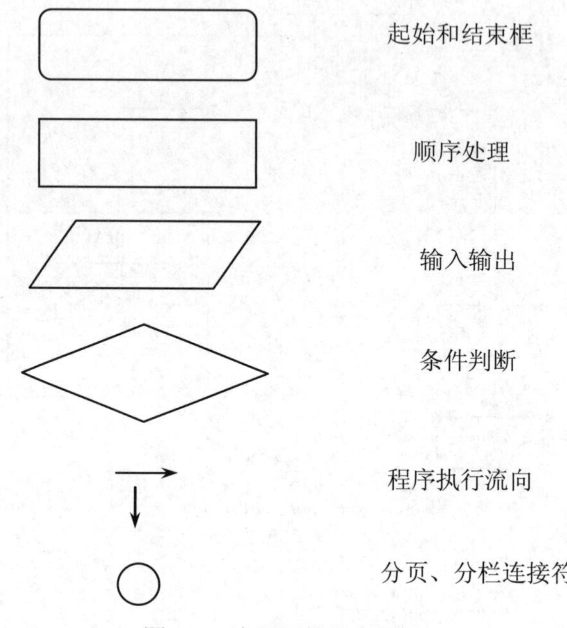

图 2-3 流程图的基本图示

2.2.3 三种基本结构的流程图

1. 顺序结构

顺序结构流程图如图 2-4 所示。

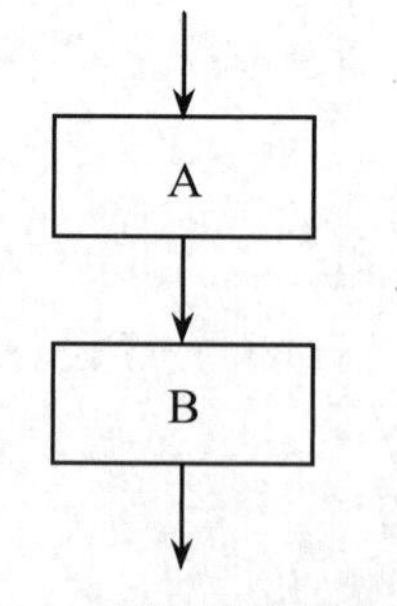

图 2-4 顺序结构流程图

2. 选择结构

选择结构分为双分支选择结构和单分支选择结构，流程图如图 2-5 和图 2-6 所示。

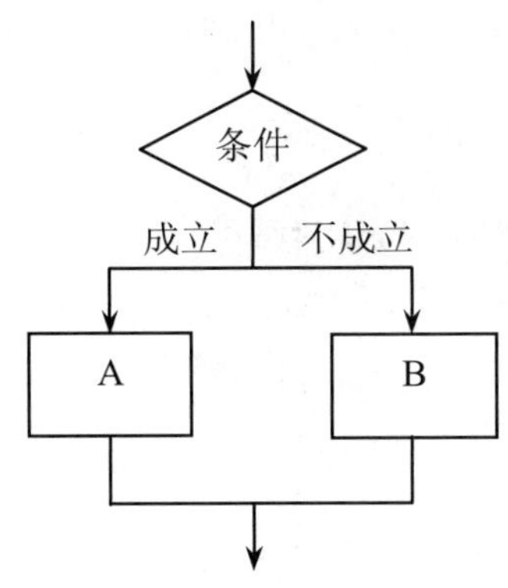

图 2-5　双分支选择结构流程图

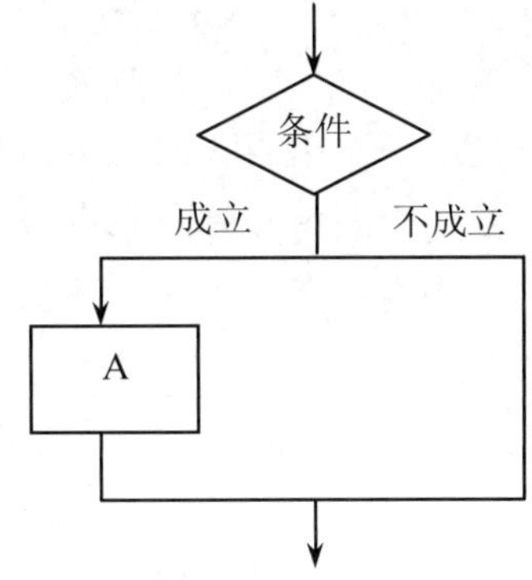

图 2-6　单分支选择结构流程图

3. 循环结构

循环结构分为“当”型循环、“直到”型循环和计数型循环，流程图如图 2-7 至图 2-9 所示。

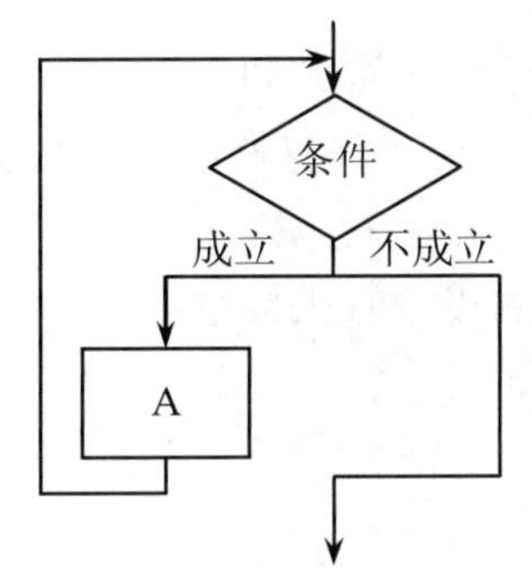

图 2-7　“当”型循环结构流程图

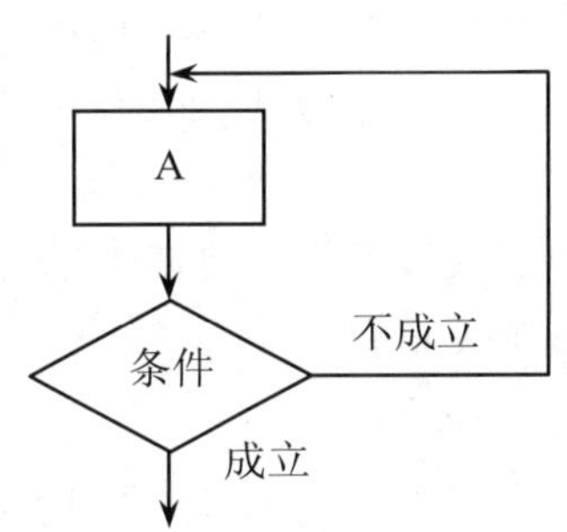

图 2-8　“直到”型循环结构流程图

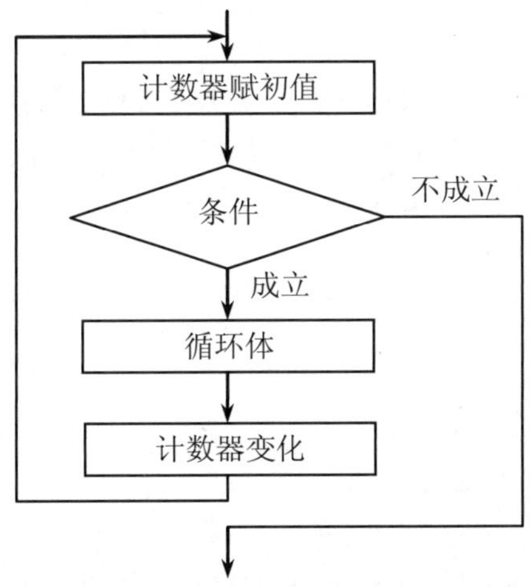

图 2-9　计数型循环结构流程图

在正确使用这三种基本结构的前提下，三种基本结构有如下共同点：

（1）只有一个入口，即单入口。

（2）只有一个出口，即单出口。

（3）结构内的每一部分都有机会被执行到，即不存在无用代码。

（4）结构内不存在“死循环”。

2.3 算法应用

【实例 2-3】求 1+2+3+4+5+…+100。

人工方法：

第一步：先求 1+2，得到结果 3。

第二步：将第一步得到的和 3 再加 3，得到结果 6。

第三步：将 6 再加 4，得 10。

第四步：将 10 再加 5，得 15。

……

第九十九步：将前 99 步的结果 4950 再加 100，得到结果 5050。

这种算法的描述方式几乎没有使用任何代数符号，纯粹是自然语言的描述，不够清楚也不够简洁。

通过引进代数符号，再加上描述的技巧，可以用如下方式来描述：

Step1：使 sum=1。

Step2：使 i=2。

Step3：使 sum+i，结果仍然放在 sum 中，可表示为 sum= sum+i。

Step4：使 i 的值加 1，即 i=i+1。

Step5：如果 i≤100，返回重新执行步骤 Step3 及其顺序的 Step4 和 Step5；如果 i>100，则转 Step6。

Step6：算法结束。

【实例 2-4】对一个大于或等于 2 的正整数，判断它是不是一个素数。

素数 n 是指不能被小于 n 大于 1 的任何整数整除（不是除以，7/2，可以叫做 7 除以 2，也可以叫做 7 被 2 除）的数，如 n=7，如果从 1 到 6，7 除以这个数都有余数，那么这个数就是素数，很明显，7 是素数。算法表示如下：

Step1：输入 n 的值。

Step2：i=1。

Step3：n 除以 i，得余数 r。

Step4：如果 r=0，表示 n 能被 i 整除，则打印 n“不是素数”，转 Step7；否则执行 Step5。

Step5：i=i+1。

Step6：如果 i≤n-1，则返回 Step3；否则打印 n“是素数”。

Step7：算法结束。

2.4　小型案例

2.4.1　案例一　简单算法描述

输入 3 个数，然后输出其中最大的数。

首先，定义 3 个变量 A、B 和 C 来存放这 3 个数，也就是将 3 个数依次输入到 A、B 和 C 中。然后，再准备一个变量 Max 存放最大数。由于计算机一次只能比较两个数，我们先比较 A 与 B，把大的数放入 Max 中，再比较 Max 与 C，再把大的数放入 Max 中。最后输出 Max，此时 Max 中存放的就是 A、B 和 C 这 3 个数中最大的数。算法表示如下：

（1）输入 A、B、C。

（2）把 A 与 B 中较大的一个放入 Max 中。

（3）把 C 与 Max 中较大的一个放入 Max 中。

（4）输出 Max，Max 即为最大数。

其中第（2）、（3）两步仍不明确，无法直接转化为程序语句，可以继续细化：

（2）把 A 与 B 中较大的一个放入 Max 中，若 A>B，则 Max=A；否则 Max=B。

（3）把 C 与 Max 中较大的一个放入 Max 中，若 C>Max，则 Max=C。

最后算法可以写成：

（1）输入 A、B、C。

（2）若 A>B，则 Max=A；否则 Max=B。

（3）若 C>Max，则 Max=C。

（4）输出 Max，Max 即为最大数。

这样的算法已经可以很方便地转化为相应的程序语句了。

2.4.2　案例二　复杂算法描述

求 5!。

首先用自然语言描述该题的算法是：

Step1：先求 1×2，得到结果 2。

Step2：Step1 得到的结果 2 再乘以 3，得到结果 6。

Step3：将结果 6 再乘以 4，得到结果 24。

Step4：将结果 24 再乘以 5，得到最后结果 120。

继续改进算法如下：

Step1：使 t=1。

Step2：使 i=2。

Step3：使 t×i，乘积仍然放在变量 t 中，可以表示为 t=t×i。

Step4：使 i 的值加 1，即 i=i+1。

Step5：如果 i≤5，返回重新执行 Step3 以及其后的 Step4 和 Step5；否则，结束。

2.5 本章小结

本章首先介绍算法的概念和特性，然后讲解常见算法描述、流程图和三种基本结构的流程图，接下来讲解算法的应用，最后通过案例综合运用本章所学的算法基础知识，培养学生的思考及动手能力，更好地为编写程序奠定基础。

2.6 习题

一、填空题

1．算法的复杂性有______复杂性和_____复杂性之分。

2．程序是______用某种程序设计语言的具体实现。

3．算法的“确定性”指的是组成算法的每条______是清晰的、无歧义的。

二、选择题

1．衡量一个算法好坏的标准是（　　）。

A．运行速度快　　B．占用空间少　　C．时间复杂度低　　D．代码短

2．把 89 转换成五进制的末尾数是（　　）。

A．1　　B．2　　C．3　　D．4

三、算法描述题

1．用任何一种熟悉的方法描述求 N 个数中最小数的算法。

2．对输入的任意三个数 a、b、c，要求按从小到大的顺序把它们打印出来，用流程图表示该算法。

3．求全班的某门课程平均分，用流程图表示该算法。

4．判断一个整数 n 能否同时被 3 和 7 整除，用流程图表示该算法。

第 3 章　选择结构程序设计

本章要点

本章主要讲述单分支语句、双分支语句和 if 语句嵌套的定义及使用方法，switch 语句的定义和使用，通过案例和习题练习来掌握选择结构程序的设计方法和应用。

学习目标

- 掌握几种 if 语句和 switch 语句的使用方法。
- 掌握选择结构程序设计的一般方法。
- 熟悉 C 程序的调试和运行。

3.1　if 语句

我们在实际处理问题时往往会面临许多判断，这时就需要根据不同的判断来执行不同的操作。此类问题通过选择结构程序来解决，而选择结构通过条件语句来实现。下面分别介绍两种格式：一种是单分支结构；一种是多分支结构。

3.1.1　单分支语句

格式 1：if(表达式)　语句;

该语句的功能是：首先计算表达式的值，然后判断表达式的值是否为非零（T）。若为非零（T），则执行语句。执行过程如图 3-1 所示。

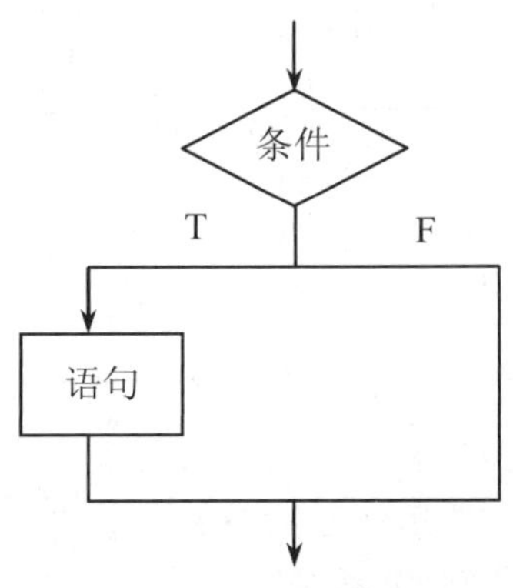

图 3-1　单分支结构流程图

【实例 3-1】从键盘输入三个数，由小到大排序输出。

```
#include "stdio.h"
#include "conio.h"
main()
{
  int x,y,z,t;
  scanf("%d%d%d",&x,&y,&z);
  if (x>y)
     {t=x;x=y;y=t;}      /*交换 x、y 的值*/
  if(x>z)
     {t=z;z=x;x=t;}      /*交换 x、z 的值*/
  if(y>z)
     {t=y;y=z;z=t;}      /*交换 z、y 的值*/
  printf("small to big: %d %d %d\n",x,y,z);

}
```

3.1.2 双分支语句

格式 2：if(表达式)

```
        语句 1;
    else
        语句 2;
```

该语句的功能是：首先计算表达式的值，然后判断表达式的值是否为非零（真 T），若为非零（真 T），则执行语句 1；否则执行语句 2。执行过程如图 3-2 所示。

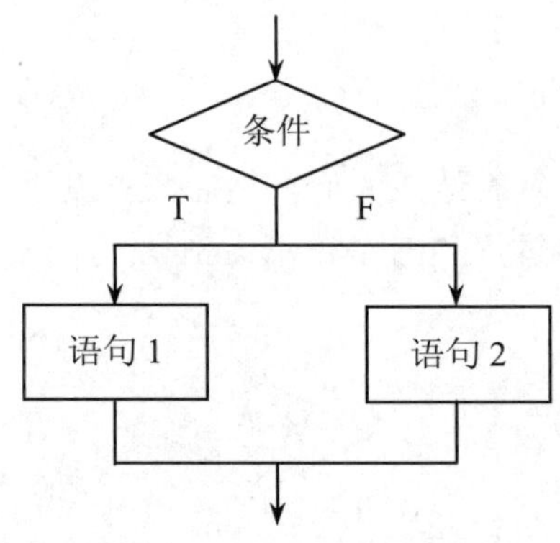

图 3-2 双分支结构流程图

在条件语句中，语句可以是任何一条语句，当然也可以是复合语句。

【实例 3-2】求一个数 x 的绝对值。

我们将求|x|编写成一个函数，然后在 main()函数中调用它。

```
double abst(double x)      /*定义函数 abst*/
{  if (x>=0)
   x=x;
```

```
        else
      x=-x;
      return(x);
  }
  main()
  {   double a;
      double abst(double x);     /*声明函数 abst*/
      scanf("%f",&a);
      printf("%lf,%lf",a,abst(a));
  }
```

3.2　if 语句的嵌套

```
格式：if(表达式 1)   语句 1
         else if(表达式 2) 语句 2
              else if(表达式 3) 语句 3
                   …
                   else if(表达式 n) 语句 n
                          else 语句 n+1
```

这是一种嵌套的 if-else 结构，该语句又称为阶梯形语句。它是对条件从上到下逐个判断，条件一旦满足就执行与之对应的语句，并跳过其他阶梯；如果条件都不满足，则执行最后的语句 n+1。这实际上是利用嵌套的 if 语句来构造多路选择，流程图如图 3-3 所示。

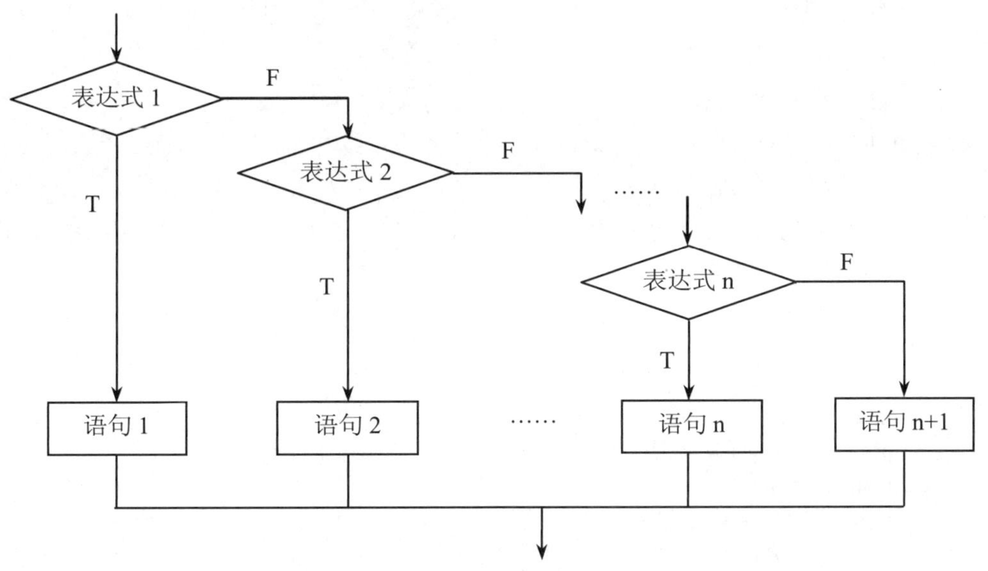

图 3-3　嵌套的 if-else 结构的流程图

【实例 3-3】判断输入字符的种类。

```
#include <stdio.h>
main()
```

```
{
    char c;
    printf("enter a character:\n");
    c=getchar();
    if (c<0x20)
        printf("The character is a control character");
    else if(c>='0' && c<='9')
        printf("The character is a digit\n");
    else if(c>='A' && c<='Z')
    printf("The character is a capital letter\n");
    else if(c>='a' && c<='z')
    printf("The character is a lower letter\n");
    else
    printf("The character is an other letter\n");
}
```

程序的三次运行结果如下：

```
enter a character: 8<CR>
The character is a digit
enter a character: R<CR>
The character is a capital lette
enter a character: ! <CR>
The character is an other letter
```

【实例 3-4】银行定期存款年利率如下（在定期存款期内，均不计复利）：

（1）半年定期存款 5.5%。

（2）一年定期存款 6.5%。

（3）二年定期存款 7.5%。

（4）三年定期存款 9%。

（5）五年定期存款 10.5%。

（6）八年定期存款 12%。

输入存款类别（按上面指定的代码，“1”代表半年定期，“2”代表一年定期）和存款金额，计算出到期本金利息和。

```
#include<stdio.h>
main()
{   int n,c;
    float sum,a,y;
    printf("请输入存款类别：");
    scanf("%d",&c);
    printf("请输入存款金额：");
    scanf("%f",&y);
    if(c==1){a=0.055;n=0.50;}
    else if(c==2){a=0.065;n=1;}
    else if(c==3){a=0.075;n=2;}
    else if(c==4){a=0.09;n=3;}
    else if(c==5){a=0.105;n=5;}
```

```
        else if(c==6){a=0.12;n=8;}
        else {9=0.0;n=0;}
        sum=y+y*a*n;
        if(n==0) printf("输入有误!\n");
        else printf("到期本金利息合计金额为：%.2f\n",sum);
    }
```

运行情况如下：

```
请输入存款类别：4<CR>
请输入存款金额：2000<CR>
到期本金利息合计金额为：2540.00
```

3.3　switch 语句

switch 语句又称开关分支语句，是选择结构的另一种形式，它是根据给定条件的结果值进行判断，然后执行多分支程序段中的一支。C 语言用 switch-case 结构实现开关分支。它的一般形式如下：

```
switch (表达式)
{
    case  常量表达式 1：语句组 1
    case  常量表达式 2：语句组 2
    …
    case  常量表达式 n：语句组 n
    default 语句组 n+1
}
```

【实例 3-5】输入成绩等级（如 A，B，C，…），判断符合哪个成绩段。

```
main()
{
    char s;
    scanf("%c",&s);
    switch(s)
    {
        case'A': printf("90～100\n");break
        case'B': printf("80～89\n"); break
        case'C': printf("70～79\n"); break
        case'D': printf("60～69\n"); break
        case'F': printf("<60\n"); break
        case'R': printf("exam again!"); break
        default : printf("Input error\n");
    }
}
```

输入：D

程序运行结果：60～69

由此可以看出 case 语句的作用：case 后面的常量表达式实际上只起语句标号作用，而不起条件判断作用，即“只是开始执行处的入口标号”。因此，一旦与 switch 后面圆括号中表达式的值匹配，就从此标号处开始执行，而且执行完一个 case 后面的语句后，若没遇到 break 语句，就自动进入下一个 case 继续执行，而不再判断是否与之匹配，直到遇到 break 语句才停止执行，退出 switch 语句。

因此，如果想让一个 case 分支之后立即跳出 switch 语句，就必须在此分支的最后添加一个 break 语句。

3.4 小型案例

3.4.1 案例一 if 嵌套的应用

从键盘上输入 x 值，根据以下函数关系计算出相应的 y 值（设 x、y 均为整型量），并调试运行下面的程序。x 与 y 的关系见表 3.1。

表 3.1 关系表

x	y
x<0	0
0<=x<10	x
10<=x<20	10
20<=x<40	-5x+20

```
#include<stdio.h>
main()
{
    int x,y;
    scanf("%d",&x);
    if(x<0)
        y=0;
    else
        if(x>=0&&x<=10)
        y=x;
        else
            if(x>=10&&x<=20)
                y=10;
            else
                y=-5*x+20;
    printf("%d",y);
}
```

分析程序运行结果。

3.4.2　案例二　break 语句的应用

输入下面两段程序并运行，掌握 case 语句中 break 语句的作用。

```
/* 不含 break 的 switch */
#include "stdio.h"
void main()
{  int a,m=0,n=0,k=0;
   scanf("%d",&a);
   switch(a)
   {   case 1: m++;
       case 2:
       case 3: n++;
       case 4:
       case 5: k++;
   }
   printf("%d,%d,%d\n",m,n,k);
}
```

```
/* 含 break 的 switch */
#include "stdio.h"
void main()
{  int a,m=0,n=0,k=0;
   scanf("%d",&a);
   switch(a)
   {   case 1: m++; break;
       case 2:
       case 3: n++; break;
       case 4:
       case 5: k++;
   }
   printf("%d,%d,%d\n",m,n,k);
}
```

分别从键盘上输入 2、3、5，写出程序运行的结果，总结 break 语句的作用。

3.5　本章小结

本章首先介绍单分支语句和多分支语句的格式及应用，然后讲解 if 语句的嵌套和应用，接着讲解 swicth 语句的格式和应用，最后通过案例综合运用本章所学知识编写选择结构程序，培养学生分析问题和动手解决问题的能力。

3.6　习题

一、填空题

1．程序的运行结果是__________。

```
main()
{
   int x=10,y=20,z=30;
   if(x>y)
   z=x;x=y;y=z;
   printf("%d,%d,%d",x,y,z);
}
```

2．程序的运行结果是__________。

```
main()
{
   int a=100,x=10,y=20,m=5,n=0;
   if(x<y)
```

```
        if(y!=m)
            a=1;
        else
            if(n) a=10;
    a=-1;
    printf("%d\n",a);
}
```

3．程序的运行结果是__________。

```
main()
{   int score,temp;
    char grade;
    printf("输入学生成绩：");
    scanf("%d",&score);
    if(score==100) temp=9;
    else
    temp=(score-score%10)/10;
    switch(temp)
    {
        case9:grade=' A ';break;
        case8:grade=' B ';break;
        case7:grade=' C ';break;
        case6:grade=' D ';break;
        case5:case4:case3:case2:case1:
        case0:grade=' E ';break;
        default:printf("输入有错!")
    }
    printf("该生成绩等级是%c。",grade);
}
```

二、改错题

1．输入两个数，判断它们是否相等，程序如下：

```
main()
{   int x,y;
    scanf("%d   %d",x,&y);
    if(x=y)
        printf("x equal y \n");
    else
        printf("x is not y \n");
}
```

（1）该程序是否有错误？如果有，请进行修改。

（2）修改后运行该程序，其输出结果是什么？

2．阅读下面的程序，要求将输入的数字 1～7 转换成文字星期几，对其他数字不转换。例如，输入 5 时，程序应该输出 Friday。程序如下：

```
main()
{   int   day;
    scanf("%d",&day);
    switch(day)
    {   case1:printf("Monday\n");
        case2:printf("Tuesday\n");
        case3:printf("Wednesday\n");
        case4:printf("Thurday\n");
        case5:printf("Friday\n");
        case6:printf("Saturday\n");
        case7:printf("Sunday\n");
    }
}
```

编辑、调试和运行该程序，然后输入 3，其输出结果是什么？为什么是这样的结果？该程序有哪些错误？如何修改？

3．程序改错：下面的程序实现求解

$$f(x)=\begin{cases} x^2 & (x^2-10>0) \\ -x^2 & (x^2-10\leqslant 0) \end{cases}$$

分析下列程序代码能否实现，如果程序中存在错误，请修改程序中的错误，然后运行修改后的程序。

```
#include <stdio.h>
main()
{
    int x,y;
    scanf("%d",&x);
    if(x*x-10>0)
    y = x*x;
    printf("y=%d\n",y);
    else
        y=-(x*x);
    printf("y=%d\n",y);
}
```

三、编程题

1．编程实现以下功能：读入两个运算数（data1 和 data2）及一个运算符（op），计算表达式 data1 op data2 的值，其中 op 可为+、-、*、/。

2．编一程序，对于给定的一个百分制成绩输出相应的五分制成绩。设：90 分以上为‘A’，80 分至 89 分为‘B’，70 分至 79 分为‘C’，60 分至 69 分为‘D’，60 分以下为‘E’（用 if 语句实现）。

3．输入一个字符，请判断是字母、数字还是特殊字符。

第 4 章　循环结构程序设计

本章要点

本章主要讲述三种循环语句的格式和执行过程，通过实例来加强对循环的学习：循环语句的嵌套使用和典型算法的实现，break、continue 和 goto 语句的应用，通过案例和习题练习来熟练掌握循环结构程序的设计方法。

学习目标

- 掌握 while 语句、do-while 语句和 for 语句的一般格式和用法。
- 掌握自加自减运算符的简单用法。
- 掌握 break、continue 和 goto 语句的使用。

4.1　循环结构程序设计的概念

实现循环的程序结构称为循环结构，是计算机科学中用以描述客观世界循环现象的重要手段。

程序设计中的循环（简称循环）是指在程序设计中，从某处开始有规律地反复执行某一操作块（或程序块）。如果循环永远不会终止，这样的循环就称为死循环。

在用程序处理实际问题时经常需要重复执行一段程序，这时候要用到循环结构。循环结构也是结构化程序设计中的三种基本结构之一。最常用的循环语句有 while 语句、do-while 语句和 for 语句。

4.2　while 语句

在日常生活中遇到的有些循环问题，事前不知道循环次数。例如，在刚生产的一批电池中混入一节外观完全相同的不合格电池，为了查找该电池，需逐个检查，直到找到这节不合格的电池为止，但事前不知道应该查多少次，这时使用 while 语句实现这一功能非常方便。

4.2.1　while 语句的格式

while 语句是一个循环控制语句，用来控制程序段的重复执行。其一般格式为：

```
while(表达式){
    循环体 ;
}
```

说明：

（1）格式中的 while 是关键字；表达式是循环条件；循环体是表达式成立时执行的语句。

（2）循环体可以是单个语句、空语句，也可以是复合语句。

（3）如果循环体包含一条以上的语句，就构成块语句，应该用花括号{ }括起来；如果循环体只有一条语句，可以省略“{ }”。

4.2.2　while 语句的执行过程

while 语句的执行过程是：当表达式为非 0 时，执行 while 语句中的循环体，然后继续进行表达式的判断，如此循环；当表达式为 0 时，则退出循环。while 语句的执行过程可借助图 4-1 所示的流程图来理解。

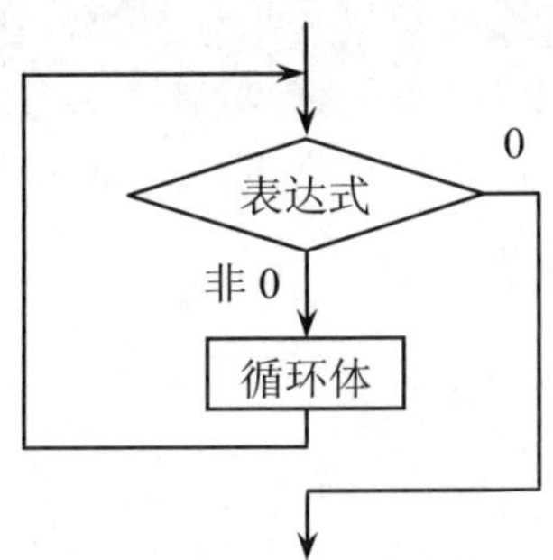

图 4-1　while 语句执行流程图

4.2.3　实例

【实例 4-1】编写程序，在屏幕上显示如下信息，共显示 3 次，要求每次显示后其下面还要给出显示次数。

```
******************
*****欢迎光临*****
******************
```

程序代码如下：

```
#include<stdio.h>
void main()
{   int i=1;
    while(i<=3)                                //循环 3 次
    {
        printf("******************\n");
        printf("*****欢迎光临*****\n");
        printf("******************\n");
        printf("第%d 次显示。\n\n",i);          //显示后空 1 行
        i++;
    }
}
```

运行结果如图 4-2 所示。

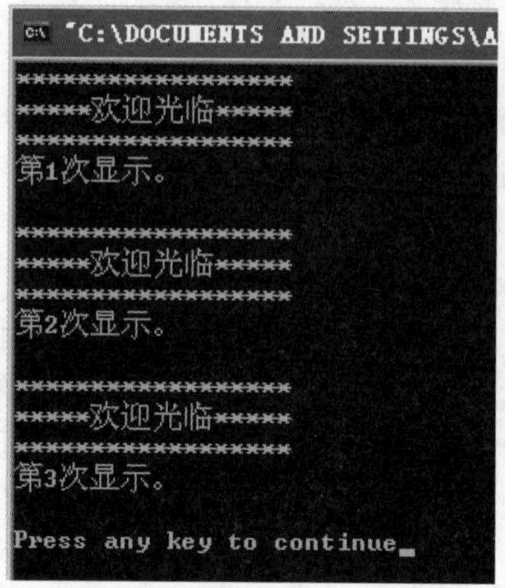

图 4-2 实例 4-1 运行结果

【实例 4-2】编写程序，求 1+2+3+…+100 的值。

程序代码如下：

```
#include <stdio.h>
void main()
{
    int sum,n;
    sum=0;n=1;
    while(n<=100)                    //循环 100 次
    {   sum=sum+n;                   //sum 作为累加器
        n++;                         //n 表示 1 到 100 之间的所有整数
    }
    printf("sum=%d\n",sum);
}
```

运行结果如图 4-3 所示。

```
"C:\DOCUMENTS AND SETTINGS\AI
sum=5050
Press any key to continue
```

图 4-3 实例 4-2 运行结果

【实例 4-3】编写程序，根据所输入的学生数学成绩把学生分成 A、B 两个班，其中大于等于 80 分的学生分到 A 班，其余的学生分到 B 班，如果输入的成绩为负数，认为输入错误，最后分别显示 A、B 班的总人数。

程序代码如下：

```
#include <stdio.h>
void main()
{   int a=0,b=0,score=0;
    scanf("%d",&score);
```

```
    while(score>=0)
    {
        if(score>=80)
        {   printf("To class A.\n");
            a++;
        }
        else
        {   printf("To class B.\n");
            b++;
        }
        scanf("%d",&score);
    }
    printf("Class A:%d,Class B:%d\n",a,b);
}
```

运行结果如图 4-4 所示。

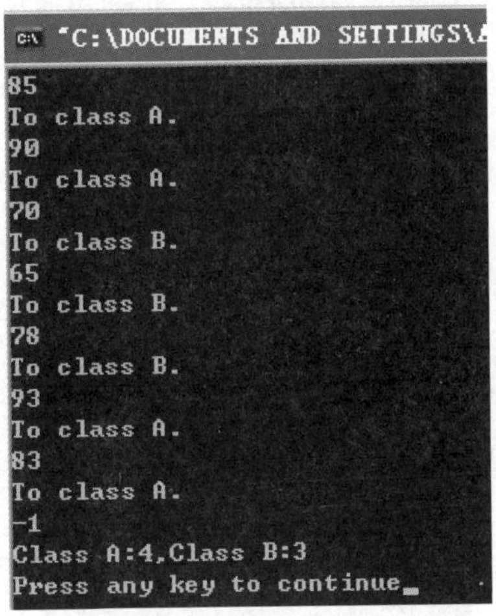

```
"C:\DOCUMENTS AND SETTINGS\A
85
To class A.
90
To class A.
70
To class B.
65
To class B.
78
To class B.
93
To class A.
83
To class A.
-1
Class A:4,Class B:3
Press any key to continue
```

图 4-4　实例 4-3 运行结果

4.3　do-while 语句

在日常生活中我们经常需要先在无条件的情况下执行一段程序，然后根据判断条件确定是否重复执行这一部分代码。例如，在游乐场很多游客排队等候坐过山车，当开始坐车时，排在最前面的游客是肯定能上车的，但从第 2 位游客起，只要过山车还有空座位就可以进一位游客，直到过山车没有空座位为止。在这种情况下，使用 do-while 语句实现此功能很方便。

4.3.1　do-while 语句的格式

do-while 语句也是一个循环控制语句，特点是先执行循环体，然后判断条件是否成立。其一般格式为：

```
do{
    循环体
}    while(表达式);
```

说明：

（1）do 是关键字，表达式是循环条件，可以是任何一个 C 语言表达式；循环体是表达式成立时执行的语句。

（2）循环体至少执行一次。当循环体有多个语句时必须加花括号{ }。

（3）while(表达式)后面的“;”必须有。

4.3.2 do-while 语句的执行过程

do-while 语句的执行过程是：先执行一次指定的循环体语句，然后判断表达式。当表达式的值为非 0 的数据时，返回重新执行循环体，如此反复直到表达式的值为 0 为止，此时循环结束。do-while 语句的执行过程可借助图 4-5 所示的流程图来理解。

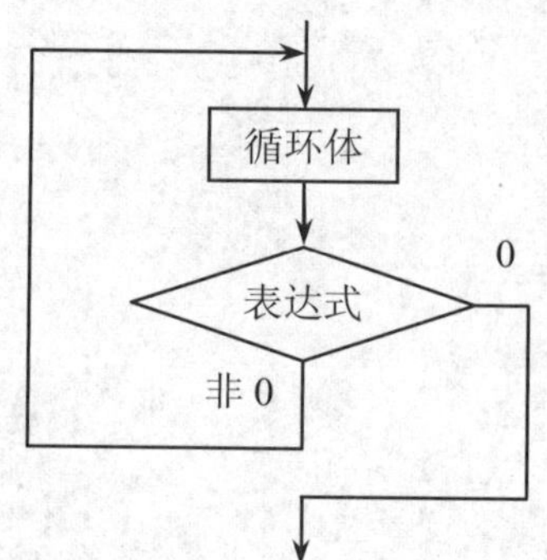

图 4-5 do-while 语句执行流程图

4.3.3 do-while 语句实例

【实例 4-4】编写程序，求 1+2+3+…+100 的值。

程序代码如下：

```
#include <stdio.h>
void main()
{   int sum,n;
    sum=0;n=1;
    do
    {   sum=sum+n;
        n++;
    } while(n<=100);
    printf("sum=%d\n",sum);
}
```

运行结果如图 4-6 所示。

"C:\DOCUMENTS AND SETTINGS\AI
sum=5050
Press any key to continue

图 4-6　实例 4-4 运行结果

【实例 4-5】编写程序，给小学生出若干道 100 以内两个数的加法题，直到学生做对 5 道题为止，最后显示学生做题的正确率。

程序代码如下：

```
#include<stdio.h>
#include<time.h>
#include<stdlib.h>
void main()
{   int op1=0,op2=0,pupil=0,answer=0,right=0,total=0;
    float rate=0;
    srand(time(0));
    do
    {   op1=rand()%100;
        op2=rand()%100;
         printf("%d+%d=",op1,op2);
         scanf("%d",&pupil);
         answer=op1+op2;
         if(answer==pupil)
             right++;
         else
             printf("wrong!\n");
         total++;
      }while(right<5);
      rate=(float)right/total*100;
      printf("The correct rate is:%f\n",rate);
 }
```

运行结果如图 4-7 所示。

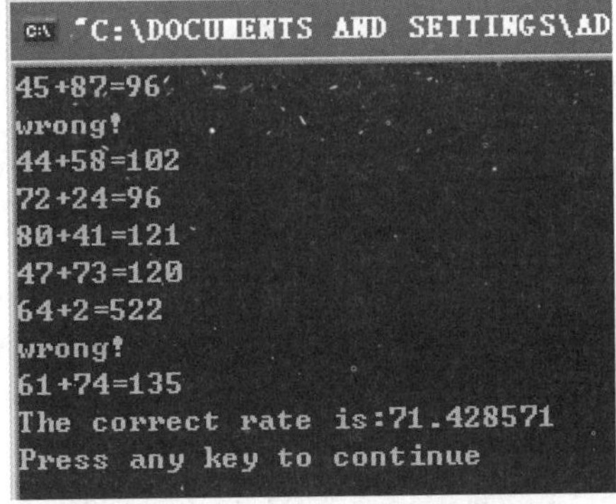

图 4-7　实例 4-5 运行结果

4.4　for 语句

for 语句可以用于循环次数已经确定的情况，还可以用于循环次数不确定而只给出循环结束条件的情况。

比如，在实际问题中有时候能够事前确定要重复执行的操作次数。如 15 名学生站好队报数，那么报数的操作要重复 15 次。用 C 语言编写这类程序时，一般使用 for 语句。

4.4.1　for 语句的格式

for 语句的一般格式为：

```
for (表达式 1;表达式 2;表达式 3){
    循环体
}
```

说明：

（1）语句一般格式中的“表达式 1”可以省略，此时应该在语句之前给循环变量赋初值（注意，省略表达式 1 时，其后的分号不能省略），如：

```
for (; i<=100;i++)
sum=sum+i;
```

（2）如果表达式 2 省略，即不判断循环条件，则循环无终止地进行下去，如：

```
for (i=1; ; i++)
sum=sum+1;
```

（3）表达式 3 也可以省略，但此时应该另外设法保证循环能正常结束，如：

```
for (i=1;i<=100; )
{   sum=sum+i;
    i++;
}
```

（4）可以省略表达式 1 和表达式 3，只有表达式 2，即只给出循环条件，如：

```
for ( ;i<=100; )
{   sum=sum+i;
    i++;
}
```

（5）for (; ;) 表示无限循环，相当于 while (1)语句。

4.4.2　for 语句的执行过程

for 语句的执行过程如下：

（1）求解表达式 1，表达式 1 只执行一次，一般是赋值语句，用于初始化变量。

（2）求解表达式 2，若为假（0），则结束循环。

（3）当表达式 2 为真（非 0）时，执行循环体。

（4）执行表达式 3。

（5）转回（2）。

for 语句的执行过程可借助图 4-8 所示的流程图来理解。

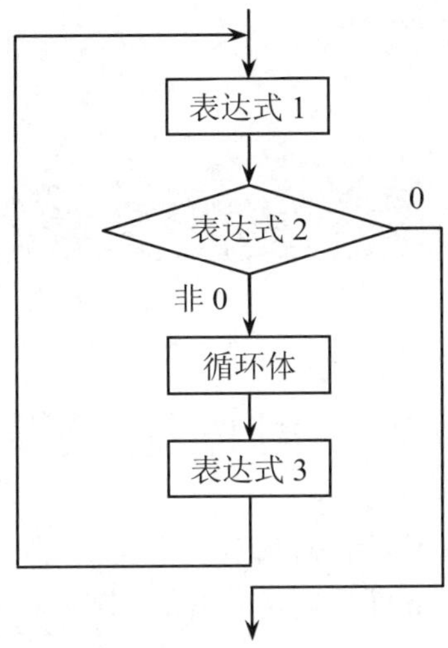

图 4-8　for 语句执行流程图

4.4.3　for 语句实例

【实例 4-6】编写程序，求 1+2+3+⋯+100 的值。

程序代码如下：

```
#include <stdio.h>
void main()
{   int sum,n;
    sum=0;
    for(n=1;n<=100;n++)
    sum=sum+n;
    printf("sum=%d\n",sum);
}
```

运行结果如图 4-9 所示。

```
"C:\DOCUMENTS AND SETTINGS\AI
sum=5050
Press any key to continue
```

图 4-9　实例 4-6 运行结果

【实例 4-7】编程求 1～100 以内所有能被 3 整除但不能被 7 整除的整数之和。

程序代码如下：

```
#include<stdio.h>
void main()
{   int i,sum=0;
    for(i=1;i<=100;i++)
```

```
    if((i%3==0)&&(i%7!=0))
    sum+=i;
    printf("SUM=%d\n",sum);
}
```

运行结果如图 4-10 所示。

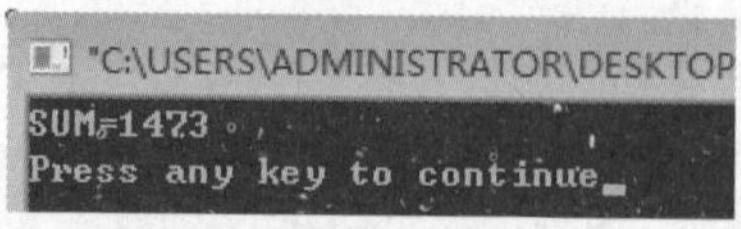

```
"C:\USERS\ADMINISTRATOR\DESKTOP
SUM=1473
Press any key to continue
```

图 4-10　实例 4-7 运行结果

4.5　循环语句的嵌套

一个循环体内包含另一个完整的循环结构，称为循环的嵌套。循环之中还可以嵌套循环，称为多层循环。三种循环（while 循环、do-while 循环和 for 循环）可以互相嵌套，例如：

```
while()
{
    …
    for ()
        {
            …
        }
    …
}
```

说明：嵌套循环的内外层必须层次分明，内循环必须完整地嵌套在外循环的里面，不能交叉，而且内外层循环变量不要用同一个。

【实例 4-8】打印九九乘法表，如图 4-11 所示。

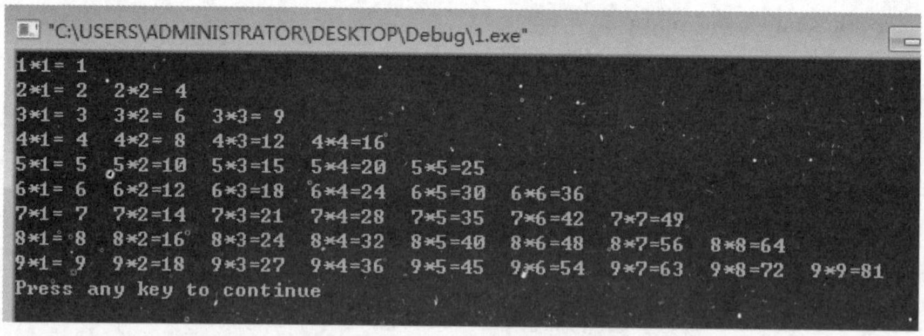

```
"C:\USERS\ADMINISTRATOR\DESKTOP\Debug\1.exe"
1*1= 1
2*1= 2  2*2= 4
3*1= 3  3*2= 6  3*3= 9
4*1= 4  4*2= 8  4*3=12  4*4=16
5*1= 5  5*2=10  5*3=15  5*4=20  5*5=25
6*1= 6  6*2=12  6*3=18  6*4=24  6*5=30  6*6=36
7*1= 7  7*2=14  7*3=21  7*4=28  7*5=35  7*6=42  7*7=49
8*1= 8  8*2=16  8*3=24  8*4=32  8*5=40  8*6=48  8*7=56  8*8=64
9*1= 9  9*2=18  9*3=27  9*4=36  9*5=45  9*6=54  9*7=63  9*8=72  9*9=81
Press any key to continue
```

图 4-11　九九乘法表效果图

程序代码如下：

```
#include<stdio.h>
void main()
{int i,j;
 for(i=1;i<=9;i++)
```

```
        {
            for(j=1;j<=i;j++)
                printf("%d*%d=%2d   ",i,j,i*j);
            printf("\n");
        }
    }
```

【实例 4-9】打印如图 4-12 所示的图形。

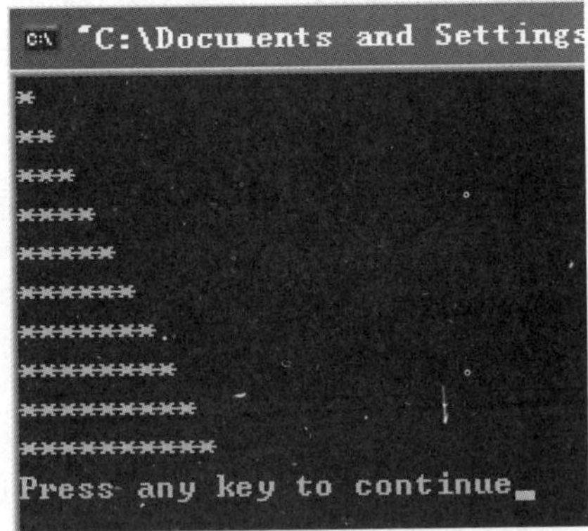

图 4-12　实例 4-9 效果图

程序代码如下：

```
    #include<stdio.h>
    void main()
    {int i,j;
        for(i=1;i<=10;i++)
        {
            for(j=1;j<=i;j++)
                printf("*");
            printf("\n");
        }
    }
```

【实例 4-10】打印如图 4-13 所示的图形。

图 4-13　实例 4-10 效果图

程序代码如下：

```
#include<stdio.h>
void main()
{int i,j,k;
    for(i=1;i<=10;i++)
    {
        for(j=1;j<=10-i;j++)
            printf(" ");
        for(k=1;k<=2*i-1;k++)
            printf("*");
        printf("\n");
    }
}
```

4.6 循环实现典型算法

设计算法就是为了解决问题而建立的计算机求解的步骤。算法应该包括有限的操作步骤，而每一步操作均要有明确的含义。设计算法时应该考虑数据的输入和输出问题，所有的问题应该至少有一个输出，因为问题的解只能通过输出得到。虽然有些问题可以没有输入，但没有输入的解决方法在使用上缺乏灵活性。一般情况下为同一个问题所设计的算法是不唯一的，较好的算法可以提高程序的执行效率。

4.6.1 Fibonacci 数列

【实例 4-11】求 Fibonacci 数列：1，1，2，3，5，8，…的前 40 项。

即 $F_1=1$

$F_2=1$

$F_n=F_{n-1}+F_{n-2}$

程序代码如下：

```
#include<stdio.h>
void main()
{int f1,f2;
 int i;
 f1=1;f2=1;
 for(i=1;i<=20;i++)
     {printf("%10d   %10d\n",f1,f2);
      f1=f1+f2;
      f2=f1+f2;
     }
}
```

运行结果如图 4-14 所示。

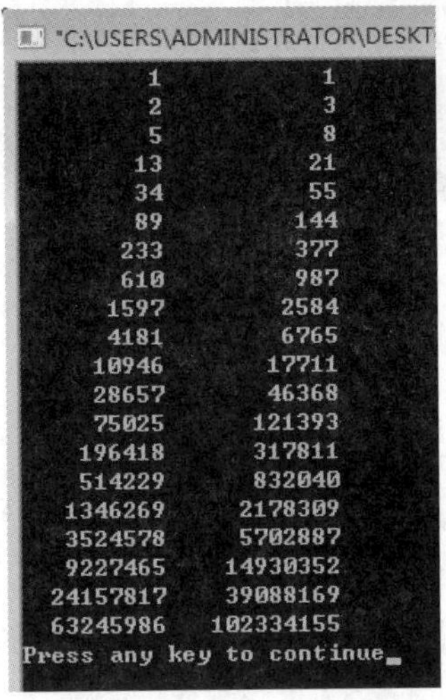

图 4-14　实例 4-11 运行结果

归纳分析：

（1）递推算法是一种简洁而高效的常见数学模型，其求解思路是根据前项和后项的关系使用循环手段求后项。

（2）使用递推算法能够解决的问题有很多，如计算 n!；计算 1！+2！+3！+…+n！的值；计算 1-1/2+1/3-…-1/100 的值等问题。

4.6.2　平方根的求解

【实例 4-12】编写程序，求某正数 a 的平方根。已知求平方根的迭代公式为 $X_{n+1}=(X_{n+a}/X_n)/2$，要求前后两次求出的 X 的差的绝对值小于 10^{-6}。

程序代码如下：

```
#include<stdio.h>
#include<math.h>
void main()
{   double a=0,x1=0,x2=0;
    printf("input a:");
    scanf("%lf",&a);
    x1=a/2;                           //指定的初始近似根
    x2=(x1+a/x1)/2;                   //按特定的迭代公式计算新的近似根
    while(fabs(x1-x2)>=1e-6)
    {   x1=x2;
        x2=(x1+a/x1)/2;
    }
    printf("sqrt(%.2lf)=%.6lf\n",a,x2);
}
```

运行结果如图 4-15 所示。

图 4-15 实例 4-12 运行结果

归纳分析：

（1）迭代算法是用计算机解决问题的一种基本方法。其求解思路是根据迭代公式，从一个根推出另一个新根，直到满足误差要求为止。

（2）迭代过程要有结束的条件，这是编写迭代程序必须考虑的问题，不能让迭代过程无休止地重复执行下去。

（3）使用迭代法还能解决求方程的近似解或某正数的立方根等问题。

4.6.3 百元百鸡问题的求解

【实例 4-13】编写程序，输出百元百鸡问题的所有可能结果。

中国古代数学家著有古典数学问题的《算经》，其中最著名的“百钱百鸡”问题叙述如下：“鸡翁一，值钱五；鸡母一，值钱三；鸡雏三，值钱一；百钱买百鸡，问翁、母、雏各几何？”这个问题翻译过来就是：“一只公鸡值五元钱，一只母鸡值三元钱，三只小鸡值一元钱，请问用一百元钱买一百只鸡，公鸡、母鸡和小鸡各有多少只？”

程序代码如下：

```
#include<stdio.h>
void main()
{   int x=0,y=0,z=0;
    printf("用 100 元买 100 只鸡，公鸡、母鸡和小鸡的个数分别为：\n");
    for(x=0;x<=20;x++)                  //公鸡的数目作为外层循环的循环变量
        for(y=0;y<=33;y++)              //母鸡的数目作为内层循环的循环变量
        {   z=100-x-y;                  //计算小鸡的数目
            if(15*x+9*y+z==300)         //如果满足条件，输出合理的解
        printf("公鸡=%-3d  母鸡=%-3d  小鸡=%-3d\n",x,y,z);
    }
}
```

运行结果如图 4-16 所示。

```
"C:\USERS\ADMINISTRATOR\DESKTOP\Debug\1.exe"
用100元买100只鸡，公鸡、母鸡和小鸡的个数分别为：
公鸡=0   母鸡=25   小鸡=75
公鸡=4   母鸡=18   小鸡=78
公鸡=8   母鸡=11   小鸡=81
公鸡=12  母鸡=4    小鸡=84
Press any key to continue
```

图 4-16 实例 4-13 运行结果

归纳分析：

（1）枚举法是根据题目的要求，将符合条件的结果不重复、不遗漏地一一列举出来，从而解决问题的一种方法。其操作一般利用循环实现。

（2）使用枚举算法能够解决的问题有很多。如假设 x、y、z 为偶数，且满足 x+2y+z=16 的值等。

4.6.4　质数判断的算法

【实例 4-14】编写程序，判断任意输入的一个自然数是否为质数。

程序代码如下：

```
#include<stdio.h>
void main()
{   int i=0,n=0;

    printf("input n:");
    scanf("%d",&n);
    for(i=2;i<=n-1;i++)
        if(n%i==0)
            break;
    if(i==n)
            printf("%d 是质数。\n",n);
    else
            printf("%d 不是质数。\n",n);
}
```

运行结果如图 4-17 所示。

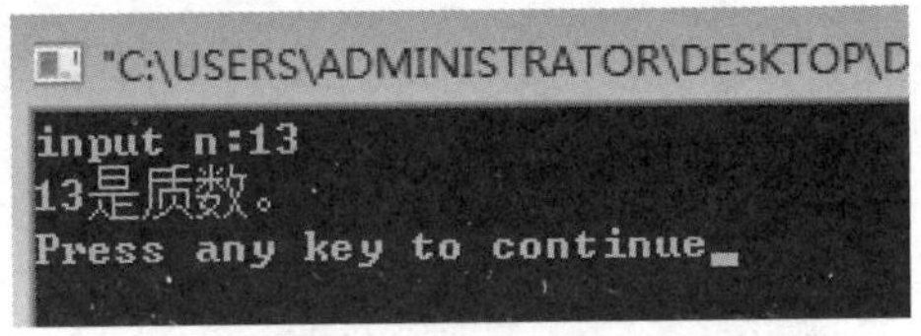

图 4-17　实例 4-14 运行结果

归纳分析：

（1）本程序按照质数的概念从 2 至 n-1 逐一判断这些数是不是 n 的因子，这样编写程序，尽管容易理解，但循环次数较多。实际上只需要用 n 去整除 2～$\sqrt{n}$ 之间的数即可判断 n 是否为质数（根据初等数论得知）。

（2）使用该方法不仅可以判断某个数是否为质数，也可以找出某个范围内的所有质数，如输出 2～100 间的所有质数。

4.7 break 语句和 continue 语句

4.7.1 break 语句

break 语句的格式很简单，由关键字 break 和分号组成。其一般形式为：

break;

说明：在循环语句中，break 语句的作用是强制退出循环结构，即提前结束 break 所在层的循环。break 语句还可以用在 switch 语句中，用来跳出 switch 语句。

【实例 4-15】判断 m 是否是素数。

编程思路：用 2～m-1 依次去除 m，若其中有任意一个数被除尽，则没有必要再判断下去，它肯定不是素数，跳出循环；若所有数都不能被除尽，则循环可以自然完成（或一个数 x 在[2,sqrt(x)]范围内没有因子，我们就称其为素数（质数）：k=sqrt(m);）。

程序代码如下：

```
#include "stdio.h"
#include "math.h"
void main()
{int m,i,k;
 scanf("%d",&m);
 k=m-1;
 for (i=2;i<=k;i++)
     if ((m % i)==0)
          break;
 if (i==k+1)
     printf("%d 是素数。\n",m);
 else
     printf("%d 不是素数。\n",m);
}
```

运行结果如图 4-18 所示。

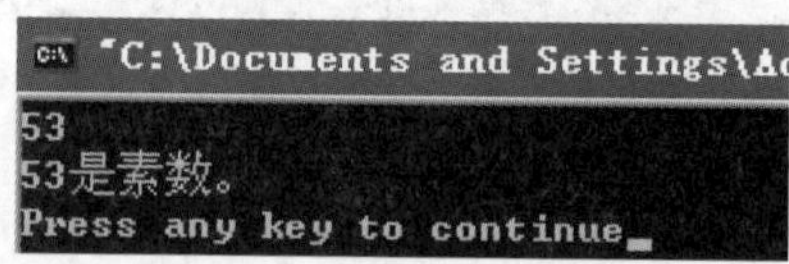

图 4-18 实例 4-15 运行结果

4.7.2 continue 语句

continue 语句的格式也很简单，其一般形式为：

continue;

说明：continue 语句只能用于循环结构中，其作用是结束本次循环，即跳过（不执行）循环体中 continue 后面的语句，接着判断是否执行下一次循环。

【实例 4-16】把 100～200 之间不能被 3 整除的数输出。

编程思路：用 3 依次去除 100～200 之间的数，若某个数不能被 3 除尽，则输出该数。

程序代码如下：

```
#include<stdio.h>
void main()
{ int n;
        for (n=100; n<=200; n++)
        {if (n%3==0)      continue;
         printf("%d      ",n); }
}
```

运行结果如图 4-19 所示。

```
"C:\DOCUMENTS AND SETTINGS\ADMINISTRATOR\桌面\Debug\2.exe"
100   101   103   104   106   107   109   110   112   113   115   116   118   11
9   121   122   124   125   127   128   130   131   133   134   136   137   139
 140   142   143   145   146   148   149   151   152   154   155   157   158
160   161   163   164   166   167   169   170   172   173   175   176   178   17
9   181   182   184   185   187   188   190   191   193   194   196   197   199
 200   Press any key to continue
```

图 4-19　实例 4-16 运行结果

4.8　goto 语句

goto 语句为无条件转向语句，其一般格式为：

　　goto　语句标号;

说明：goto 语句的作用是将程序的执行流程转向语句标号所在的位置。语句标号用标识符表示。使用 goto 语句将使程序的流程毫无规律可循，不符合结构化程序设计的原则，导致程序的可读性差，因此结构化程序设计方法不提倡使用该语句，但退出多重循环的场合使用 goto 语句很方便。

【实例 4-17】在 100 以内的三个数 i、j、k 中，找出满足 $i^2+j^2+k^2>100$ 的一组数输出。

程序代码如下：

```
#include<stdio.h>
void main()
{ int i,j,k;
      for (i=1; i<100; i++)
          for(j=1; j<100; j++)
               for(k=1; k<100; k++)
                    if(i*i+j*j+k*k>100)
                         goto prn;
      prn:printf("i=%d,j=%d,k=%d\n",i,j,k);
}
```

运行结果如图 4-20 所示。

```
"C:\DOCUMENTS AND SETTINGS\
i=1,j=1,k=10
Press any key to continue
```

图 4-20　实例 4-17 运行结果

4.9　小型案例

4.9.1　案例一　输出满足条件的所有数

编写一个程序，输入三个正整数 min、max 和 factor，然后考察 min～max 之间的每一个整数（包括 min 和 max），如果它能被 factor 整除，就把它打印出来。

比如：输入→1　10　3

　　　输出→3　6　9

流程图如图 4-21 所示。

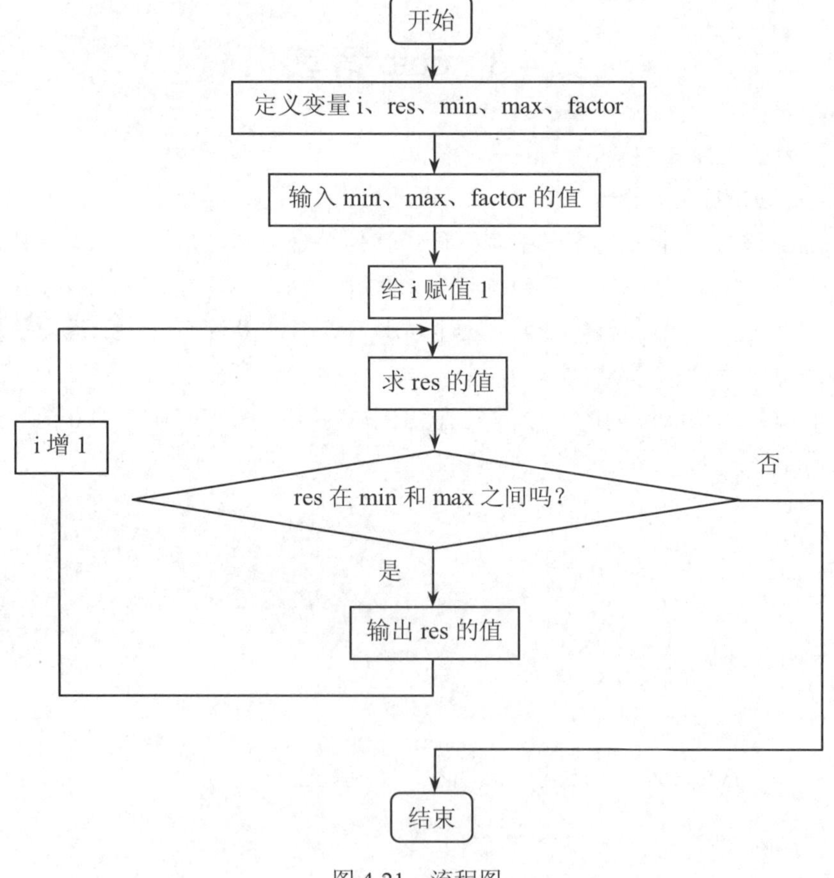

图 4-21　流程图

程序代码如下：

```
#include <stdio.h>
void main()
{
    int i,res;
    int min,max,factor;
    scanf("%d%d%d",&min,&max,&factor);
    for(i=1;;i++)
    {
        res=factor*i;
        if(res<=max && res>=min)
        {
            printf("%d ",res);
        }
        else
            if(res>max)
                break;
    }
    printf("\n");
}
```

运行结果如图 4-22 所示。

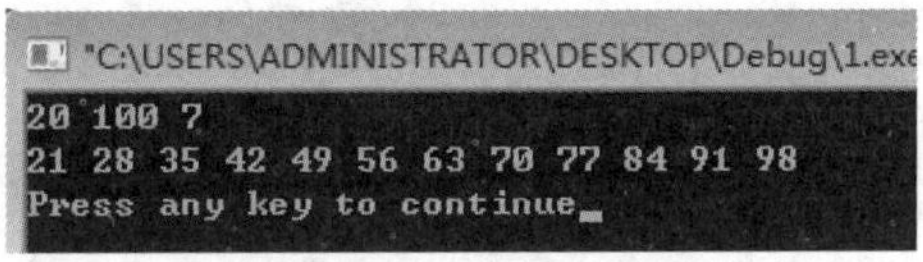

```
"C:\USERS\ADMINISTRATOR\DESKTOP\Debug\1.exe
20 100 7
21 28 35 42 49 56 63 70 77 84 91 98
Press any key to continue
```

图 4-22　案例一运行结果

4.9.2　案例二　输出所有的玫瑰花数

如果一个四位数等于它的每一位数的 4 次方之和，则称为玫瑰花数。例如 4^4+3^4+6^4+1^4=1634，编程输出所有的玫瑰花数。

流程图如图 4-23 所示。

程序代码如下：

```
#include<stdio.h>
void main()
{
   int i,j,k,l,m;
   for(i=1000;i<=9999;i++)
   {
      j=i/1000;                          //取出千位上的数
      k=i%10;                            //取出个位上的数
      l=i/100-10*j;                      //取出百位上的数
      m=i/10-100*j-10*l;                 //取出十位上的数
      if(i==j*j*j*j+k*k*k*k+l*l*l*l+m*m*m*m)
```

```
            printf("%d\n",i);
        }
    }
```

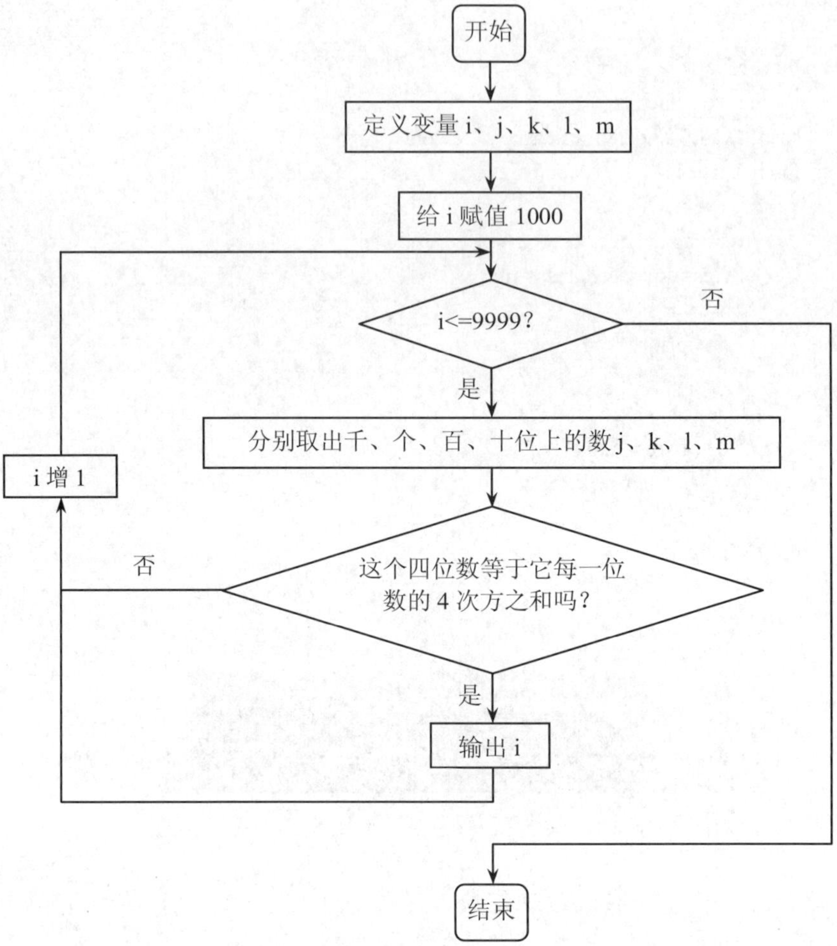

开始
定义变量 i、j、k、l、m
给 i 赋值 1000
i<=9999?
否
是
分别取出千、个、百、十位上的数 j、k、l、m
i 增 1
否
这个四位数等于它每一位数的 4 次方之和吗?
是
输出 i
结束

图 4-23 流程图

运行结果如图 4-24 所示。

"C:\DOCUMENTS AND SETTINGS
1634
8208
9474
Press any key to continue

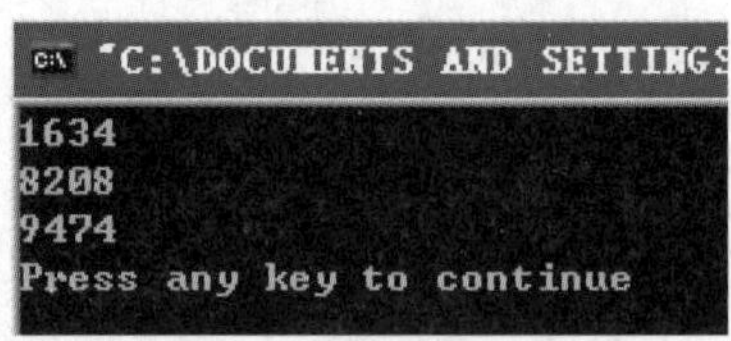

图 4-24 案例二运行结果

4.10 本章小结

本章首先介绍三种循环语句的格式及应用，然后讲解循环语句的嵌套和应用，接下来讲解用循环实现典型的算法和 break、continue、goto 语句，最后通过案例来综合运用循环结构的知识编写循环结构程序，培养学生分析问题和动手解决问题的能力。

4.11　习题

一、填空题

1．循环语句的三要素是__________、__________和__________。

2．for 语句括号内的 3 个表达式的作用是__________、__________和__________。

3．在循环结构中，break 语句的作用是__________，continue 语句的作用是__________。

二、选择题

1．语句 while (!e);中的条件!e 等价于（　　）。

A．e==0　　B．e!=1　　C．e!=0　　D．~e

2．下面有关 for 循环的正确描述是（　　）。

A．for 循环只能用于循环次数已经确定的情况

B．for 循环是先执行循环体语句，后判定表达式

C．在 for 循环中，不能用 break 语句跳出循环体

D．for 循环体语句中可以包含多条语句，但要用花括号括起来

3．C 语言中（　　）。

A．不能使用 do-while 语句构成的循环

B．do-while 语句构成的循环必须用 break 语句才能退出

C．do-while 语句构成的循环，当 while 语句中的表达式值为非零时结束循环

D．do-while 语句构成的循环，当 while 语句中的表达式值为零时结束循环

4．C 语言中 while 和 do-while 循环的主要区别是（　　）。

A．do-while 的循环体至少无条件执行一次

B．while 的循环控制条件比 do-while 的循环控制条件严格

C．do-while 允许从外部转到循环体内

D．do-while 的循环体不能是复合语句

5．以下程序段（　　）。

```
int x=-1;
do
{
    x=x*x;
}
while (!x);
```

A．是死循环　　B．循环执行两次

C．循环执行一次　　D．有语法错误

三、编程题

1．编程计算 1-3+5-7+…-99。

2．把 100～200 之间的不能被 3 整除的数输出。

3．用公式求π的近似值，直到最后一项的绝对值小于 10^{-6} 为止。

sum=π/4≈1-1/3+1/5-1/7+…

注：头函数为#include "math.h"，结束条件为 while ((fabs(t))> 1e-6)。

4．打印如图 4-25 所示的图形。

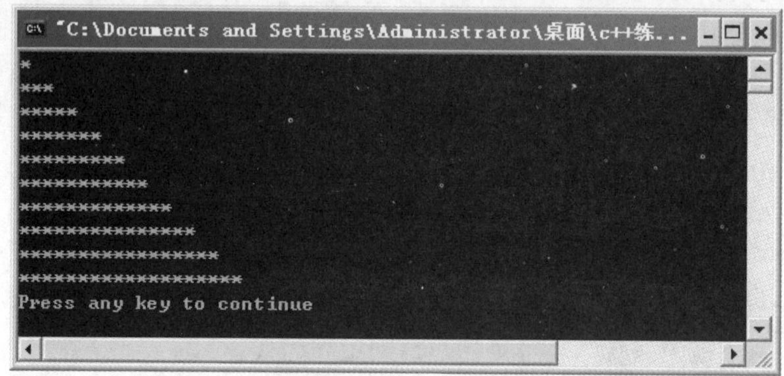

图 4-25 习题 4 效果图

5．打印出 100～200 之间所有的素数。

第 5 章　数组

本章要点

本章主要讲述数组的定义和数组元素的表示，通过实例来加强数组的学习和应用，如字符数组的定义、初始化和输入输出，字符串处理函数的应用，通过案例和习题练习来熟练掌握数组的应用。

学习目标

- 掌握一维数组和二维数组的定义形式。
- 掌握一维数组和二维数组的应用。
- 掌握字符数组的定义和使用。

5.1　一维数组

在实际问题中，经常需要处理大量数据，如分别统计 12 个月的煤气收费额，记录 100 种商品的库存量，存放 1000 名学生的期末总分，存放 30 名学生高等数学、英语、C 语言程序设计、普通物理、数据库原理课程的成绩等。这时需要定义大量的变量，因此用单个变量的定义方法极不方便，有时甚至不可能，若采用数组，就可以很方便地定义大量的变量，使用各变量也非常方便。

数组是特殊变量的集合，这些变量的名字和数据类型都相同，但有不同的下标值。集合中的每个变量称为数组元素，它们通过下标值来区分。只有一个下标的数组称为一维数组，有两个下标的数组称为二维数组。

和普通变量一样，数组中的所有变量也必须先定义后使用。

5.1.1　一维数组的定义

一维数组的定义形式为：

　　类型名 数组名[元素个数];

说明：

（1）类型名：用来确定所有元素的数据类型。

元素个数：用来给定数组要包含的变量个数，它可以使用表达式形式，但该表达式中只能出现常量和运算符。

（2）在定义数组的同时可以给出各元素的值（即初始化），这时要用“{}”括起各元素的值，如：int a[5]={1,2,3,4,5}。

5.1.2 元素的表示

数组元素的一般表示形式为：

数组名[下标]

说明：

（1）下标可以使用表达式形式，但必须是整型而且有确定的值，取值范围是 0～“元素个数-1”。如数组 a[5]的元素有 a[0]、a[1]、a[2]、a[3]、a[4]。

（2）引用数组元素时不应使用超范围的下标，因为对这种情况编译时系统并不报错，所以编写程序时要格外注意。

（3）定义完数组后，该数组中的元素之间存在着密切的联系，如 int a[5];，数组 a[5]中的 5 个元素占有连续的 5 个存储单元，如图 5-1 所示，每个存储单元是 int 型，占 4 个字节，所以 a 数组共占 20 个字节。

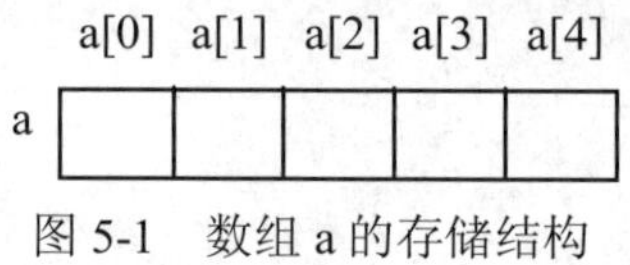

图 5-1 数组 a 的存储结构

5.1.3 一维数组实例

【实例 5-1】判断密码是否正确。编写程序，当用户输入密码时，屏幕上显示“*”，输入完毕后，系统判断密码是否正确。如果密码正确，则显示“登录成功！”；否则显示“登录失败！”（假设密码为 123）。

程序代码如下：

```
#include<stdio.h>
#include<conio.h>
#include<string.h>
void main()
{
char w,pass[10];
int i=0;

printf("input password:");
do
{
      w=getch();                                  //最多输入 9 个字符
      if(w!='\r')
      {
            putch('*');
            pass[i]=w;
            i++;
      }
```

```
        else
                break;
    }while(1);
    pass[i]='\0';

    if(strcmp(pass,"123")==0)
        printf("\n 登录成功！ \n");
    else
        printf("\n 登录失败！ \n");
}
```

运行结果如图 5-2 所示。

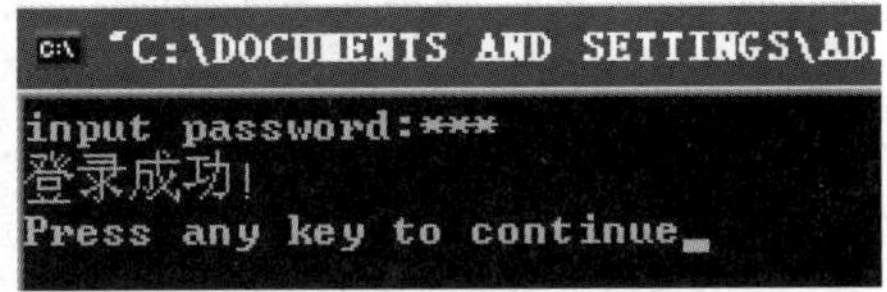

图 5-2　实例 5-1 运行结果

【实例 5-2】求一批数据中的最大值。编写程序，输入 100 名学生的学号和学年总平均成绩，找出其中成绩最高的学生。

程序代码如下：

```
#include <stdio.h>
#define N 5                                     //为了方便运行，以 5 名学生为例
void main()
{
    int num[N]={0},i=0,k=0;
    float score[N]={0.0};

    printf("input numbers and scores:\n");
    for(i=0;i<N;i++)                            //输入 N 名学生的学号和学年总平均成绩
        scanf("%d%f",&num[i],&score[i]);

    for(i=0;i<N;i++)                            //输出 N 名学生的学号
        printf("%8d",num[i]);
    printf("\n");

    for(i=0;i<N;i++)                            //输出 N 名学生的学年总平均成绩
        printf("%8.2f",score[i]);
    printf("\n");

    k=0;                                        //假设第一个元素值最大
    for(i=1;i<N;i++)                            //查找最大元素的下标值
        if(score[k]<score[i])                   //k 记住最大元素的下标值
            k=i;
    printf("number=%d,score=%.2f\n",num[k],score[k]);
}
```

运行结果如图 5-3 所示。

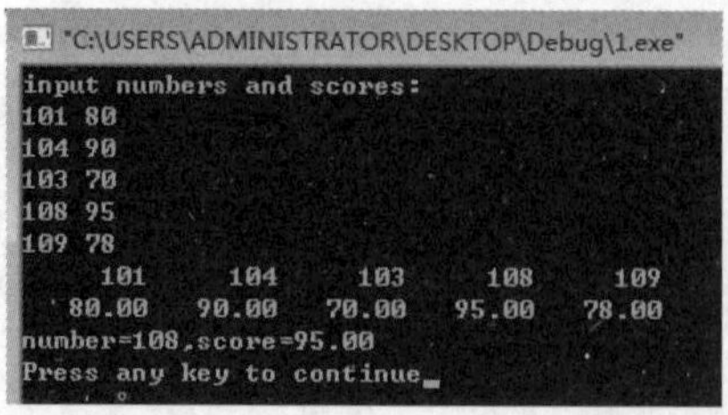

```
"C:\USERS\ADMINISTRATOR\DESKTOP\Debug\1.exe"
input numbers and scores:
101 80
104 90
103 70
108 95
109 78
     101      104      103      108      109
   80.00    90.00    70.00    95.00    78.00
number=108,score=95.00
Press any key to continue
```

图 5-3　实例 5-2 运行结果

【实例 5-3】在有序数据中插入一个数。编写程序，在已按照从小到大的顺序存入的学号中插入一个新学生学号。要求新学号仍然遵循原来的顺序。

程序代码如下：

```
#include<stdio.h>
#define N 5
void main()
{
	int num[N+1]={1002,1003,1006,1008,1010};	//必须多开辟一个存储单元
	int i=0,j=0,k=0;
	printf("original numbers:\n");
	for(i=0;i<N;i++)	//输出最初的学号
		printf("%6d",num[i]);
	printf("\n");
	printf("input a student number:");
	scanf("%d",&k);	//输入要插入的学号
	for(i=0;i<N;i++)	//查找插入位置
		if(k<num[i])
			break;
	for(j=N;j>i;j--)	//将数据向后移动
		num[j]=num[j-1];
	num[i]=k;	//插入数据
	printf("final numbers:\n");
	for(i=0;i<N+1;i++)	//输出插入后的学号
		printf("%6d",num[i]);
	printf("\n");
}
```

运行结果如图 5-4 所示。

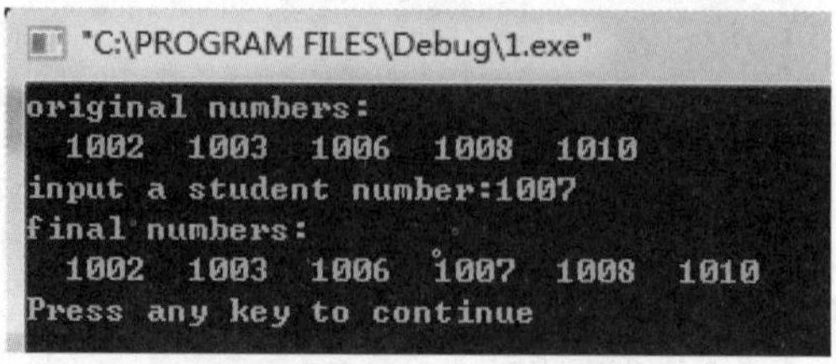

```
"C:\PROGRAM FILES\Debug\1.exe"
original numbers:
  1002  1003  1006  1008  1010
input a student number:1007
final numbers:
  1002  1003  1006  1007  1008  1010
Press any key to continue
```

图 5-4　实例 5-3 运行结果

【实例 5-4】排序数据。编写程序，将 8 名候选人的投票数由多到少排序。

方法一：选择排序法。

程序代码如下：

```
#include<stdio.h>
void main()
{
    int a[8]={28,50,44,53,66,49,80,63},i=0,j=0,k=0,t=0;

    for(i=0;i<7;i++)
    {
        k=i;
        for(j=i+1;j<8;j++)
            if(a[k]<a[j])
                k=j;
        t=a[i];
        a[i]=a[k];
        a[k]=t;
    }
    for(i=0;i<8;i++)
        printf("%5d",a[i]);
    printf("\n");
}
```

运行结果如图 5-5 所示。

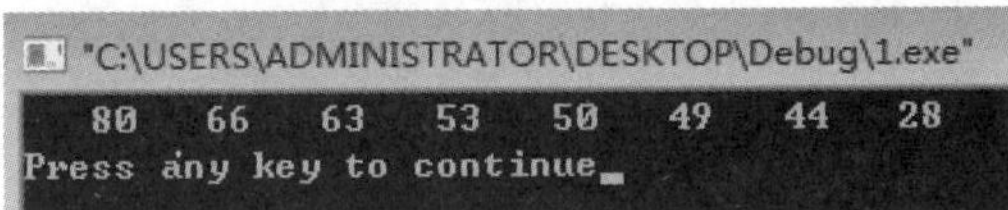

图 5-5　实例 5-4 方法一运行结果

方法二：冒泡排序法。

程序代码如下：

```
#include<stdio.h>
void main()
{
    int a[8]={28,50,44,53,66,49,80,63},i=0,j=0,t=0;
    for(i=0;i<7;i++)
        for(j=i+1;j<8;j++)
            if(a[i]<a[j])
            {
                t=a[i];
                a[i]=a[j];
                a[j]=t;
            }
    for(i=0;i<8;i++)
        printf("%5d",a[i]);
    printf("\n");
}
```

运行结果如图 5-6 所示。

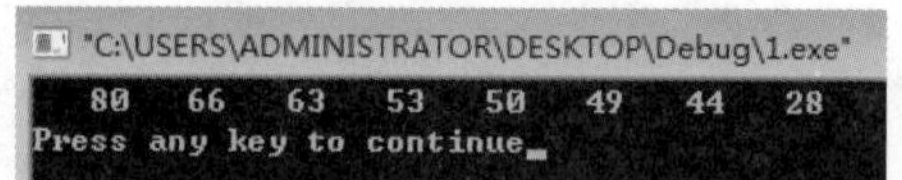

图 5-6 实例 5-4 方法二运行结果

5.2 二维数组

用 C 语言处理矩阵时经常使用二维数组。

5.2.1 二维数组的定义

二维数组的定义形式为：

类型名 数组名[行数][列数];

说明：

（1）类型名：用来确定所有元素的数据类型。

（2）行数和列数：分别给定数组要包含的行数和列数，它们可以使用表达式形式，但表达式中只能出现常量和运算符。

（3）对二维数组进行初始化时，每一行的元素值要用“{}”括起来，最后还要将所有元素括起来。

5.2.2 元素的表示

二维数组元素的一般表示形式为：

数组名[行下标][列下标];

说明：

（1）下标：可以使用表达式形式，但必须是整型而且有确定的值，行下标取值范围是 0～“行数-1”，列下标取值范围是 0～“列数-1”。如数组 a[3][4]的元素有 a[0][0]、a[0][1]、a[0][2]、a[0][3]、a[1][0]、a[1][1]、a[1][2]、a[1][3]、a[2][0]、a[2][1]、a[2][2]、a[2][3]。

（2）定义数组时，数组的行数或列数常用 define 命令行给出，以便修改。

（3）引用二维数组元素时不应使用超范围的下标。

（4）当需要逐个访问二维数组元素时，常常使用双重循环语句简化操作，其中外循环控制行下标的变化，内循环控制列下标的变化。

（5）定义数组 a 后，该数组的存储结构如图 5-7 所示，但为了方便理解，一般用如图 5-8 所示的形式表示。

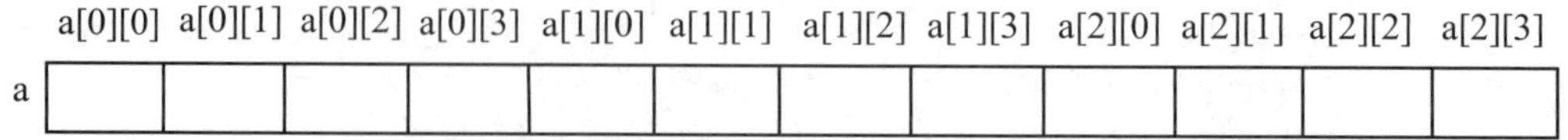

图 5-7 数组 a 的物理结构

a[0]	[0]	[1]	[2]	[3]
a[1]	[0]	[1]	[2]	[3]
a[2]	[0]	[1]	[2]	[3]

图 5-8　数组 a 的逻辑结构

5.2.3　二维数组实例

【实例 5-5】求出 3×4 矩阵中的最大值及其所在的行列号。

程序代码如下：

```
#include<stdio.h>
void main()
{
    int i,j,row,column,max;
    int a[3][4]={{1,2,3,4},{9,8,7,6},{-10,10,-5,2}};
    max=a[0][0];                              //暂定 a[0][0]的值为最大值
    for (i=0;i<3;i++)
        for(j=0;j<4;j++)
            if (a[i][j]>max)                  // a[i][j]的值与 max 相比较
            {
                max=a[i][j];                  //把最大值赋给 max
                row=i;                        //记下最大值的行号
                column=j;                     //记下最大值的列号
            }
    printf("max=%d,row=%d,colum=%d\n",   max, row, column);
}
```

运行结果如图 5-9 所示。

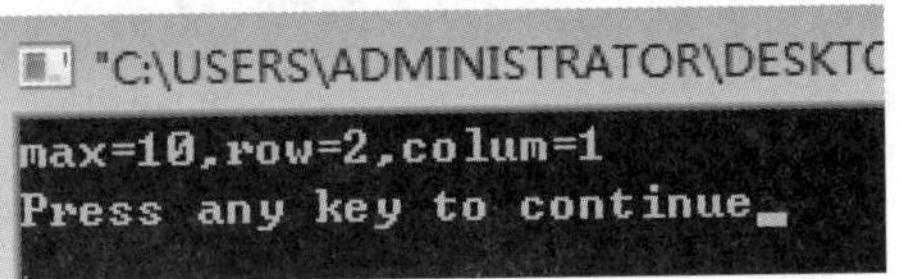

图 5-9　实例 5-5 运行结果

【实例 5-6】某班有 40 个学生考 5 门课程，求每个学生的平均成绩并输出。

程序代码如下：

```
#include<stdio.h>                             //以 3 个学生 5 门课程为例
#define M 3
#define N 5
void main()
{
int i,j;
float s[M][N],aver[M],sum;
for(i=0;i<M;i++)
```

```
        for(j=0;j<N;j++)
            scanf("%f",&s[i][j]);                    //由键盘输入 3 个学生 5 门课的成绩
    for(i=0;i<M;i++)
    {
        sum=0.0;
        for(j=0;j<N;j++)
            sum+=s[i][j];
        aver[i]=sum/N ;
    }
    for(i=0;i<M;i++)
        printf("aver[%d]=%f\n",i,aver[i]);
    }
```

运行结果如图 5-10 所示。

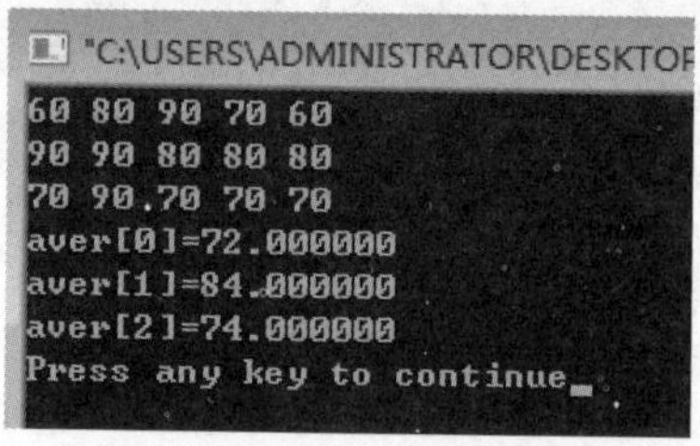

```
"C:\USERS\ADMINISTRATOR\DESKTOP
60 80 90 70 60
90 90 80 80 80
70 90 70 70 70
aver[0]=72.000000
aver[1]=84.000000
aver[2]=74.000000
Press any key to continue
```

图 5-10　实例 5-6 运行结果

【实例 5-7】求方阵对角线上元素之和。编写程序，分别计算 5×5 方阵的主对角线上的元素之和与副对角线上的元素之和。

程序代码如下：

```
#include<stdio.h>
void main()
{int i=0,j=0,s1=0,s2=0;
int a[5][5]={{3,18,21,25,28},{2,61,52,23,35},{25,17,81,56,63},
{26,60,53,31,65},{45,37,21,56,63}};
printf("Array a:\n");
for(i=0;i<5;i++)
{
    for(j=0;j<5;j++)
        printf("%4d",a[i][j]);
    printf("\n");
}

for(i=0;i<5;i++)
    for(j=0;j<5;j++)
    {
        if(i==j)
            s1=s1+a[i][j];
        if(i+j==4)
            s2=s2+a[i][j];
```

```
    }
printf("s1=%d,s2=%d\n",s1,s2);
}
```

运行结果如图 5-11 所示。

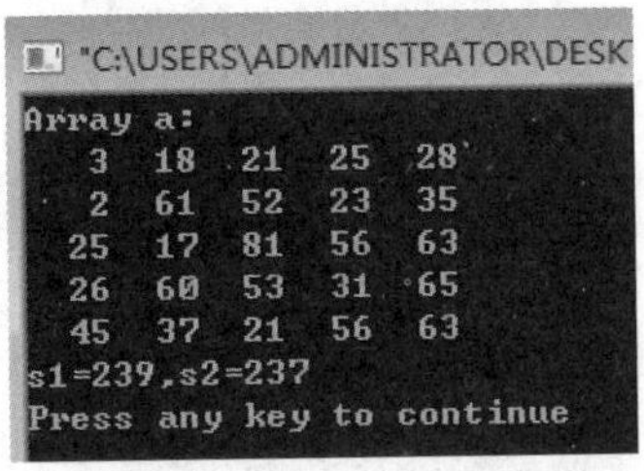

```
"C:\USERS\ADMINISTRATOR\DESK
Array a:
   3  18  21  25  28
   2  61  52  23  35
  25  17  81  56  63
  26  60  53  31  65
  45  37  21  56  63
s1=239,s2=237
Press any key to continue
```

图 5-11　实例 5-7 运行结果

【实例 5-8】显示算术题和学生答题信息。编写程序，给小学生出四道 100 以内两个数的加法题，每道题分数为 25，最后将题目与学生的答题结果、正确答案、实际得分显示在屏幕上。

程序代码如下：

```
#include<stdio.h>
#include<time.h>
#include<stdlib.h>
#define N 4
void main()
{
int i=0,total=0;
int a[N][6]={0};
srand(time(0));                              //初始化随机数发生器
for(i=0;i<N;i++)                             //共四行，出四道题
{
      a[i][0]=rand()%100;                    //用 rand()%100 产生第 1 个加数
      a[i][1]=rand()%100;                    //产生第 2 个加数
      printf("%d+%d=",a[i][0],a[i][1]);      //显示题目
      scanf("%d",&a[i][2]);                  //输入学生答案
      a[i][3]=a[i][0]+a[i][1];               //计算正确答案
      if(a[i][3]==a[i][2])                   //判断答案是否正确
      {
            a[i][4]=1;                       //答案正确时做标记 1
            a[i][5]=25;                      //答案正确时本题目得 25 分
      }
      else
      {
            a[i][4]=0;                       //答案错误时做标记 0
            a[i][5]=0;                       //答案错误时本题目不得分
      }
      total=total+a[i][5];                   //累加得分
 }
```

```
for(i=0;i<N;i++)                                    //显示做题记录
printf("%2d+%2d=%3d%5d%5d%5d\n",a[i][0],a[i][1],a[i][2],a[i][3],a[i][4],a[i][5]);
printf("The score is:%d\n",total);                  //显示总分
}
```

运行结果如图 5-12 所示。

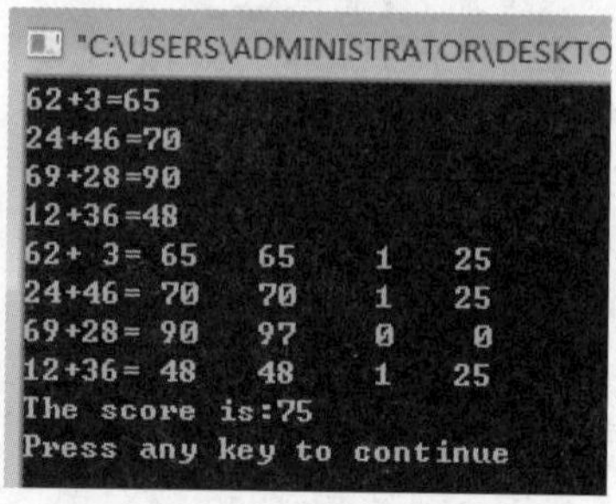

```
"C:\USERS\ADMINISTRATOR\DESKTO
62+3=65
24+46=70
69+28=90
12+36=48
62+ 3= 65    65    1   25
24+46= 70    70    1   25
69+28= 90    97    0    0
12+36= 48    48    1   25
The score is:75
Press any key to continue
```

图 5-12　实例 5-8 运行结果

5.3　字符数组

字符数组是用来存放字符的数组，字符数组中的一个元素存放一个字符。

5.3.1　字符串与字符型数组

字符串（也称字符串常量）：是用双引号括起来的若干有效字符序列。在 C 语言中，字符串可以包含字母、数字、转义字符等。字符串的末尾必须有'\0'字符，它的 ASCII 码值为 0。

字符数组：可以存放若干字符，也可以存放字符串。

5.3.2　字符数组的定义形式

字符数组的定义形式为：

char 数组名[数组长度];

说明：

（1）C 语言中没有专门存放字符串的变量。

（2）以“char s[10];”为例，s 数组是一维字符数组，它可以存放 10 个字符或一个长度不大于 9 的字符串。

5.3.3　字符数组的初始化

对字符数组赋值或数组初始化时，数据使用字符型数据或相应的 ASCII 码值。

1. 逐个元素初始化

例如：char c[10] = {'c', ' h', 'a', 'r' };

说明：

（1）如果初值个数>数组长度，则作语法错误处理。

（2）如果初值个数<数组长度，则只将这些字符赋给数组中前面那些元素，其余元素自动定义为空字符（即'\0'）。

（3）如果初值个数=数组长度，则在定义时可以省略数组长度。

2. 用字符串来初始化

例如：char a[11] ="I am a boy";

说明：

（1）在 C 语言中，系统自动地在每一个字符串的最后加入一个字符 '\0'，作为字符串的结束标志，因此，字符数组的长度至少要比字符串的长度大 1。

（2）在 C 语言中，字符型数据是指单个字符（包含转义字符），在使用时用单引号括起来，而字符串是用双引号括起来的字符序列。

5.3.4 字符数组的输入输出

可以利用字符数组对单个字符和字符串进行输入输出操作。

1. 用格式符"%c"逐个输入/输出一个字符

```
scanf("%c",&a[0]);
printf("%c",a[0]);
```

2. 用格式符"%s"整个输入/输出字符串

```
char c[10 ];
scanf("%s",c);          //注意此处用数组名
printf("%s",c);         //注意此处用数组名
```

说明：

（1）用“%s”格式输入或输出字符数组时，函数 scanf 的地址项、函数 printf 的输出项都是字符数组名，此时数组名前不能再加“&”符号，因为数组名就是数组的起始地址。

（2）用语句“scanf("%s",s);”为字符数组 s 输入数据时，遇空格键或回车键时结束输入，但所读入的字符串中不包含空格键或回车键，而是在字符串末尾添加'\0'。

（3）同时输入多个字符串，输入数据时以空格键或回车键为分隔符。

例 1：char str1[5],str2[5],str3[5];

scanf("%s%s%s",str1,str2,str3);

输入：how are you?↙

结果：how\0→str1

Are\0→str2

You?\0→str3

例 2：把例 1 改为：

char str[13];

scanf("%s",str);

输入：how are you? ↙

结果：how\0→str

5.3.5 字符串处理函数

1. 字符串输入/输出函数

（1）输入一个字符串函数 gets()。

gets()函数的一般调用格式为：

gets(str) ;

gets()函数的作用是从终端键盘输入字符串（字符串可以包括空格），直到遇到回车符为止，回车符读入后，不作为字符串的内容，系统将自动用'\0'代替，作为字符串的结束标志。

（2）输出一个字符串函数 puts()。

puts()函数的一般调用格式为：

puts(str) ;

该函数的作用是从 str 指定的地址开始，依次输出存储单元中的字符，直到遇到字符串结束标志第 1 个 '\0' 字符为止。

2. 字符串处理函数

（1）字符串复制函数 strcpy()。

strcpy()函数的一般调用格式为：

strcpy(str1, str2);

功能是把 str2 所指的字符串复制到 str1 所指的字符数组中。

（2）字符串连接函数 strcat()。

strcat()函数的一般调用格式为：

strcat(str1, str2);

功能是将 str2 所指的字符串连接到 str1 所指的字符串的后面，并自动覆盖 str1 所指的字符串的尾部字符 "\0"。

（3）求字符串长度函数 strlen()。

strlen()函数的一般调用格式为：

strlen(str) ;

功能是计算 str 为起始地址的字符串的长度（不包含字符串结束标志'\0'），并作为函数值返回。

（4）字符串比较函数 strcmp()。

strcmp()函数的一般调用格式为：

strcmp(str1, str2);

功能是比较 str1 和 str2 所指的两个字符串，并产生以下结果：

str1 与 str2 相等时，函数值为 0。

str1>str2 时，函数值大于 0。

str1<str2 时，函数值小于 0。

字符串之间比较的方法是：从第一个字符开始，依次对 str1 与 str2 对应位置上的字符按 ASCII 码值的大小进行比较，直到出现第一个不相同的字符时，即由这两个字符的大小决定所在串的大小。

5.3.6　字符数组实例

【实例 5-9】输出一个钻石图形，如图 5-13 所示。

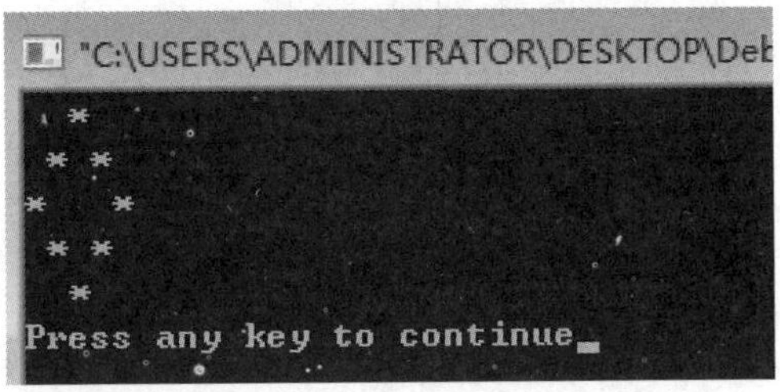

```
"C:\USERS\ADMINISTRATOR\DESKTOP\Deb
  *
 * *
*   *
 * *
  *
Press any key to continue
```

图 5-13　实例 5-9 效果图

程序代码如下：

```
#include<stdio.h>
void main()
{
    char a[ ][5]={{'  ',' ','*'},
                  {'  ','*',' ','*'},
                  {'*',' ',' ',' ','*'},
                  {' ','*',' ','*'},
                  {'  ',' ','*'}};
   int i,j;
   for (i=0;i<5;i++)
   { for (j=0;j<5;j++)
          printf("%c",a[i][j]);
    printf("\n");
   }
}
```

【实例 5-10】从键盘输入一个字符串，复制到另一字符数组后显示出来。

程序代码如下：

```
#include<stdio.h>
void main()
{
char str1[30],str2[30];
int i ;
printf("input a string:");
scanf("%s",str1);
i=0;
while(str1[i]!='\0')
{
    str2[i]=str1[i];
    i++ ;
```

```
}
str2[i]='\0';
printf("%s\n",str2);
}
```

运行结果如图 5-14 所示。

```
"C:\USERS\ADMINISTRATOR\DESKTOP
input a string:abcdefg
abcdefg
Press any key to continue
```

图 5-14　实例 5-10 运行结果

【实例 5-11】由键盘输入一个字符串，要求从该字符串中删去一个字符。

程序代码如下：

```
#include<stdio.h>
void main()
{
char str1[50],str2[50];
char ch;
int i=0,k=0;
gets(str1) ;
printf(" \n    delete?");
scanf("%c",&ch);
for(i=0;str1[i]!='\0';i++)
{
    if(str1[i]!=ch)
        str2[i-k]=str1[i];
    else
        k=k+1;
}
str2[i-k]='\0';
printf("\n%s\n",str2);
}
```

运行结果如图 5-15 所示。

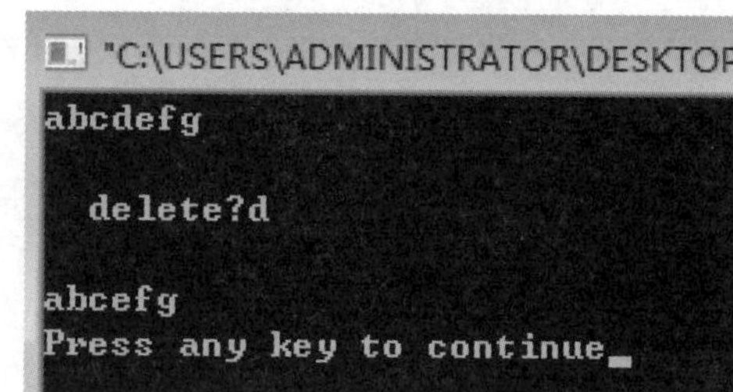

图 5-15　实例 5-11 运行结果

5.4　小型案例

5.4.1　案例一　逆序输出一组数

将一个数组中的值按逆序重新存放，例如原来的顺序为：8，6，5，4，1，要求改为：1，4，5，6，8。

流程图如图 5-16 所示。

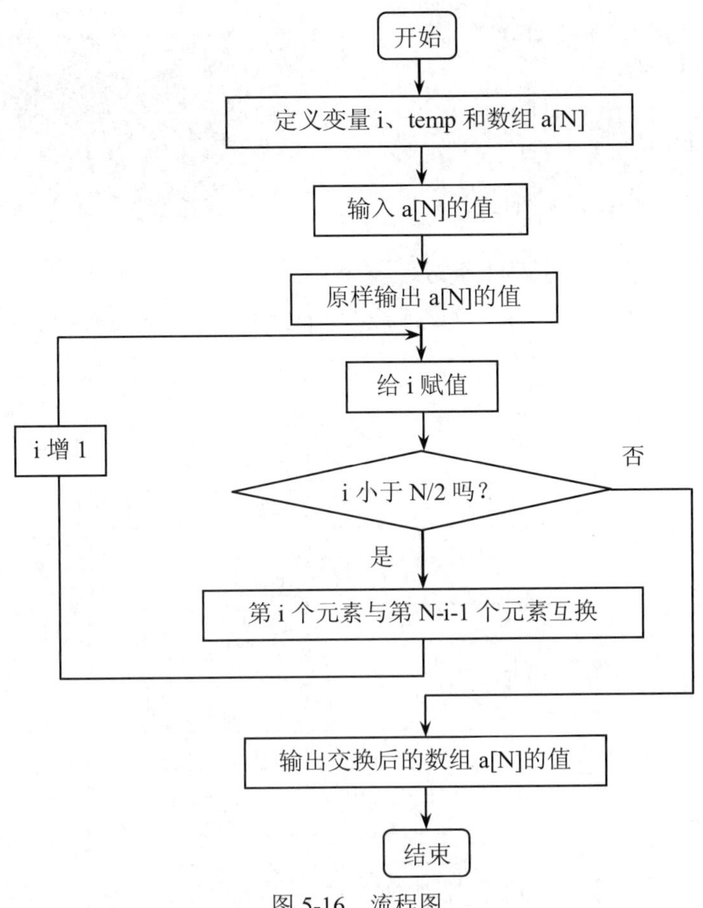

图 5-16 流程图

程序代码如下：

```
#include<stdio.h>
#define N 6
void main()
{
    int i,temp,a[N];
    for(i=0;i<N;i++)                          //输入数组数据
        scanf("%4d",&a[i]);
    printf("初始数组：\n");
    for(i=0;i<N;i++)                          //原样输出数组
        printf("%4d",a[i]);
    for(i=0;i<N/2;i++)                        //第 i 个元素与第 N-i-1 个元素互换
    {
        temp=a[i];
        a[i]=a[N-i-1];
        a[N-i-1]=temp;
    }
    printf("\n 交换后的数组：\n");
    for(i=0;i<N;i++)
```

```
            printf("%4d",a[i]);
        printf("\n");
    }
```

运行结果如图 5-17 所示。

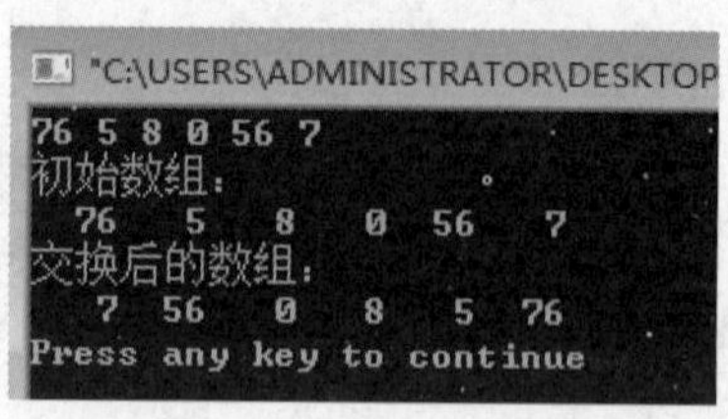

图 5-17 案例一运行结果

5.4.2 案例二 小组成绩的统计

假设一个学习小组由 5 名学生组成，每个组员有数学、英语和物理三门课的考试成绩。编写程序，求学习小组各科的平均成绩和总平均成绩。

流程图如图 5-18 所示。

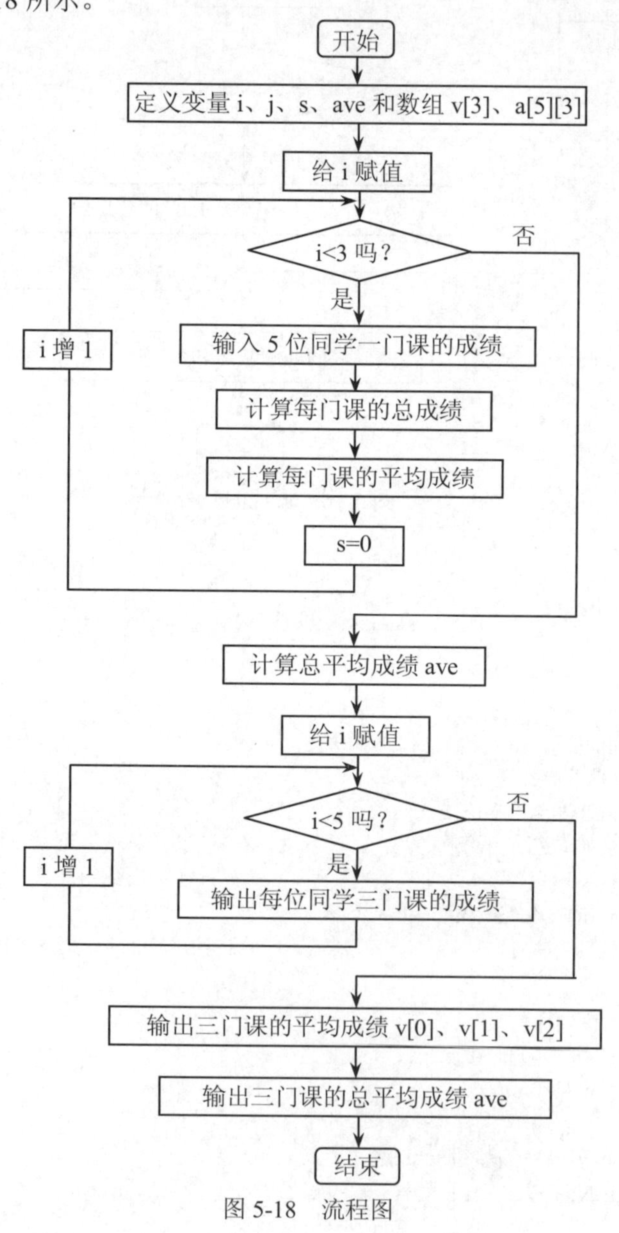

图 5-18 流程图

程序代码如下：

```
#include<stdio.h>
void main()
{
    int i=0,j=0,s=0,a[5][3]={0};
    float v[3]={0.0},ave=0.0;
    printf("Input score:\n");
    for(i=0;i<3;i++)                         //外循环为三门课
    {    for(j=0;j<5;j++)                    //内循环为 5 名学生
         {
              scanf("%d",&a[j][i]);          //输入 5 名学生一门课的成绩
              s=s+a[j][i];                   //计算 5 名学生一门课的成绩总和
         }
    v[i]=s/5.0;                              //计算一门课的平均成绩
    s=0;
    }
    ave=(v[0]+v[1]+v[2])/3;                  //计算总平均成绩
    printf("The score:\n Math English Physics\n");
    for(i=0;i<5;i++)                         //外循环为 5 名学生
    {
         for(j=0;j<3;j++)                    //内循环为三门课程成绩
              printf("%8d",a[i][j]);
         printf("\n");
    }
    printf("The average:\n");
    printf("Math:%.1f    English:%.1f    Physics:%.1f\n",v[0],v[1],v[2]);
    printf("Total:%.1f\n",ave);
}
```

运行结果如图 5-19 所示。

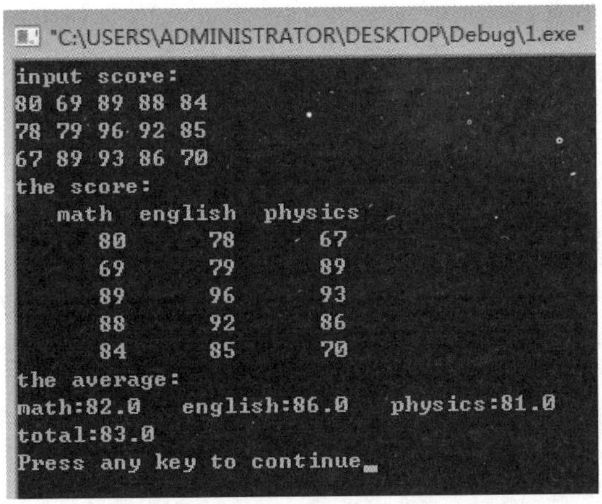

```
"C:\USERS\ADMINISTRATOR\DESKTOP\Debug\1.exe"
input score:
80 69 89 88 84
78 79 96 92 85
67 89 93 86 70
the score:
   math  english  physics
      80       78       67
      69       79       89
      89       96       93
      88       92       86
      84       85       70
the average:
math:82.0   english:86.0   physics:81.0
total:83.0
Press any key to continue
```

图 5-19 案例二运行结果

5.5 本章小结

本章首先介绍一维数组和二维数组的定义、表示方法及实例，然后讲解字符数组的定义、初始化、输入输出，接下来讲解字符串的处理函数和实例，最后通过案例来综合运用数组的相关知识编写程序，培养学生使用数组来分析问题和解决问题的能力。

5.6 习题

一、填空题

1．在C语言中，二维数组元素在内存中的存放顺序是__________。

2．若有定义：double x[3][5];，则x数组中行下标的下限为__________，列下标的上限为__________。

3．若二维数组a有m列，则计算任一元素a[i][j]在数组中相对位置的公式为__________（设a[0][0]是数组的第一个元素）。

二、选择题

1．以下对一维数组a的定义中正确的是（　　）。

A．char a(10);　　B．int a[0..100];

C．int a[5];　　D．int k=10;int a[k];

2．以下对二维数组的定义中正确的是（　　）。

A．int a[4][]={1,2,3,4,5,6};　　B．int a[][3];

C．int a[][3]={1,2,3,4,5,6};　　D．int a[][]={{1,2,3},{4,5,6}};

三、编程题

1．假设数组a中已经存放了20个整数，编写程序，将其中所有偶数存放在数组b中，将所有奇数存放在数组c中。

2．打印输出杨辉三角形（打印输出10行）。

3．有一篇文章，共有3行文字，每行有80个字符。要求分别统计出其中英文大写字母、小写字母、数字、空格以及其他字符的个数。

4．假设有一个3×4的矩阵，编写程序，将其中所有3的倍数的元素值均改为3。

第6章　函数

本章要点

本章主要讲述函数的定义和调用，嵌套调用和递归调用的应用，内部变量、外部变量、动态变量和静态变量的使用，通过案例和习题练习来熟练掌握函数的应用。

学习目标

- 掌握函数的定义及调用。
- 掌握嵌套调用和递归调用的应用。
- 掌握实参和形参的关系。
- 掌握内部变量和外部变量的概念和使用。
- 掌握动态变量和静态变量的概念和使用。

6.1　函数的定义

在日常生活中解决实际问题时，经常把一个大任务分解为多个较小的任务后，多人分工协作完成。用 C 语言编写程序时也采用类似的方法，即把一个较大的应用程序分解为多个程序模块（称为函数），然后逐步编写每一个程序模块，一般也是多人分工协作完成。

前面几章中，为了重点介绍 C 语言的基本知识，简化了每个程序的功能，所以都在主函数中实现，即程序仅包含一个主函数。但在实际开发中，由于程序的规模较大，程序一般包含很多其他函数，以便多人分工合作。每个函数允许反复使用，减少重复劳动，提高程序的编写效率。如果把所有功能都写在一个主函数中，则各功能间层次不清，因此不便于程序阅读。

C 语言的函数包括 3 类，即主函数、库函数和自己编写的函数。其中主函数是必有的，而且只能有一个，其名称为 main，所有的 C 程序都从主函数开始执行。库函数是系统提供的，可以直接使用，但在程序的开头应该使用#include 命令包含相应的头文件。这些库函数必须通过主函数或其他函数调用。

编写较大程序的过程实际上是编写较多自编函数的过程，那么函数应该如何编写，自己编写的函数如何调用，这是本章主要解决的问题。从本章开始，要求程序的所有功能都通过调用函数实现。

自编函数定义的一般形式为：

```
类型名　函数名(类型名 形参 1,类型名 形参 2,…)
{　定义变量部分
```

```
        功能语句部分
    }
```

说明：

（1）函数名前面的类型名：指定函数值的类型。

形参前面的类型名：指定形参的数据类型。

（2）形参可以没有，也可以有多个。对于多个形参，必须一一指定每个形参的数据类型。

（3）形参是变量，定义函数时形参没有确定的值，只有当其他函数调用该函数时才能得到具体的值。

（4）定义变量部分：应该对函数内用到的所有变量（除形参外）给出定义。

（5）功能语句部分：编写为实现功能所需的所有语句。如果调用函数后需要结果值，则在函数中用 return 语句将其返回；如果不需要结果值，则不用 return 语句，此时函数名前面的类型名用 void。

6.2 函数的调用

函数调用的一般形式为：

```
函数名(实参 1,实参 2,...);
```

说明：

（1）函数名必须与定义时的函数名一致，实参与形参的个数相同，顺序和类型一致。实参与形参按顺序对应，一一传递数据。

（2）实参可以是常量、有确定值的变量或表达式。

（3）如果实参列表包含多个实参，则各实参间用逗号隔开。

（4）如果调用的是无参函数，则各实参可以没有，但小括号不能省略。

（5）调用函数时，将实参的值传给对应形参，此时形参才有确定的值。

（6）形参和实参可以使用同名变量，也可以使用异名变量，但它们的关系永远都是在调用函数时将实参的值传递给对应位置的形参。

（7）调用函数时，程序的开头还必须加上除主函数之外的其他所有函数的原型说明语句，应特别注意的是，函数原型说明的最后必须加上“;”。

函数原型说明的一般形式为：

```
类型名 函数名(类型名 形参 1,类型名 形参 2,...)
```

（8）程序中将调用其他函数的函数称为主调函数，被其他函数调用的函数称为被调函数。

（9）任何函数都可以调用其他函数，所以编写自定义函数时都要用类似于主函数的编写方法逐步细化。特别强调的一点是，主函数不能被任何函数调用。

【实例 6-1】编写程序，计算球的表面积和体积。

程序代码如下：

```
#include<stdio.h>                              //预处理
```

```
#include<math.h>
#define PI 3.14159

double sup_area(double r);                  //函数的原型说明
double volume(double r);

void main()                                 //主函数部分
{
        double a=-5,b,c,d;
        b=fabs(a);
        c=sup_area(b);
        d=volume(b);
        printf("c=%lf,d=%lf\n",c,d);
}
double sup_area(double r)                   // sup_area 函数的定义，函数功
{                                           //能是计算球的表面积
        double s;
        s=4*PI*r*r;
        return s;
}

double volume(double r)                     //volume 函数的定义，函数功能
{                                           //是计算球的体积
        double v;
        v=4.0/3.0*PI*r*r*r;
        return v;
}
```

运行结果如图 6-1 所示。

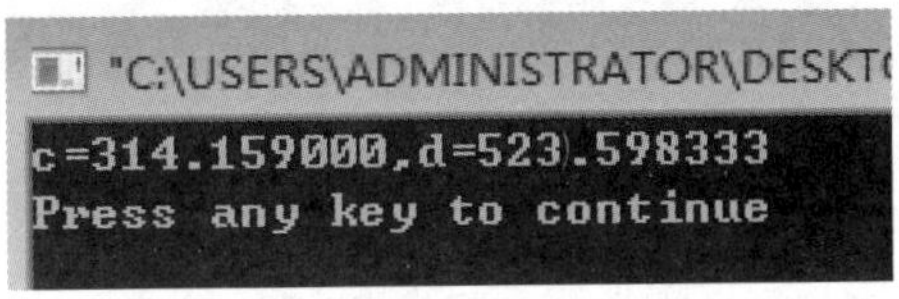

```
"C:\USERS\ADMINISTRATOR\DESKT
c=314.159000,d=523.598333
Press any key to continue
```

图 6-1　实例 6-1 运行结果

【实例 6-2】编写程序，输入 n 的值并调用自己编写的函数计算 1～n 的和。

程序代码如下：

```
#include<stdio.h>
int sum_n(int n);
void main()
{
        int n=0,a=0;

        printf("input n:");
        scanf("%d",&n);
        a=sum_n(n);
```

```
        printf("1 至%d 的和是：%d\n",n,a);
    }

    int sum_n(int n)
    {
        int i=0,s=0;
        for(i=0;i<=n;i++)
            s=s+i;
        return s;
    }
```

运行结果如图 6-2 所示。

```
"C:\USERS\ADMINISTRATOR\DESKT
input n:100
1至100的和是：5050
Press any key to continue
```

图 6-2 实例 6-2 运行结果

【实例 6-3】编写程序，输入两个整数并调用自己编写的函数交换 a 和 b 中的值。

程序代码如下：

```
#include<stdio.h>

void swap(int *p,int *q);

void main()
{
    int a=15,b=30;
    swap(&a,&b);
    printf("a=%d,b=%d\n",a,b);
}

void swap(int *p,int *q)
{
    int t=0;
    t=*p;
    *p=*q;
    *q=t;
}
```

运行结果如图 6-3 所示。

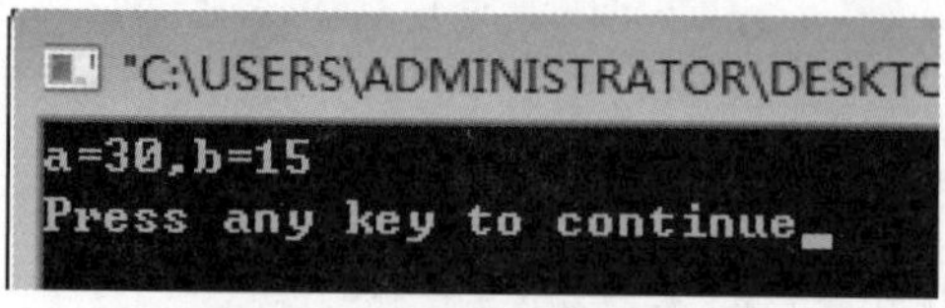

```
"C:\USERS\ADMINISTRATOR\DESKTC
a=30,b=15
Press any key to continue_
```

图 6-3 实例 6-3 运行结果

6.3　嵌套调用

函数的嵌套调用是指在一个被调函数中又调用了另外一个函数，这种调用形式叫做函数的嵌套调用。

【实例 6-4】编写 fac 函数，该函数的功能是计算 n!，再调用该函数，计算 1! +3! +5! +…+19!的值。

程序代码如下：

```
#include<stdio.h>

float fac(int n);
float sum(int n);

void main()
{
	float s=0;
	s=sum(19);
	printf("s=%.0f\n",s);
}

float sum(int n)
{
	int i=0;
	float s=0.0;
	for(i=1;i<=n;i=i+2)
		s=s+fac(i);
	return s;
}

float fac(int n)
{
	int i=0;
	float f=1.0;
	for(i=1;i<=n;i++)
		f=f*i;
	return f;
}
```

运行结果如图 6-4 所示。

```
"C:\USERS\ADMINISTRATOR\DESK
s=122002093685866500
Press any key to continue
```

图 6-4　实例 6-4 运行结果

6.4 递归调用

6.4.1 递归调用的定义

在调用一个函数的过程中又出现直接（简单递归）或间接（间接递归）地调用该函数本身，这称为函数的递归调用。

6.4.2 递归调用的条件

采用递归方法来解决问题，必须符合以下3个条件：

（1）可以把要解决的问题转化为一个新问题，而这个新问题的解决方法仍与原来的解决方法相同，只是所处理的对象有规律地递增或递减。

说明：解决问题的方法相同，调用函数的参数每次不同（有规律地递增或递减），如果没有规律也就不能适用递归调用。

（2）可以应用这个转化过程使问题得到解决。

说明：使用其他的办法比较麻烦或很难解决，而使用递归的方法可以很好地解决问题。

（3）必须要有一个明确的结束递归的条件。

说明：一定要能够在适当的地方结束递归调用，否则可能会导致系统崩溃。

6.4.3 递归的说明

（1）当函数自己调用自己时，系统将自动把函数中当前的变量和形参暂时保留起来，在新一轮的调用过程中，系统为新调用的函数所用到的变量和形参开辟另外的存储单元（内存空间），每次调用函数所使用的变量在不同的内存空间。

（2）递归调用的层次越多，同名变量占用的存储单元也就越多。一定要记住，每次函数的调用，系统都会为该函数的变量开辟新的内存空间。

（3）当本次调用的函数运行结束时，系统将释放本次调用时所占用的内存空间。程序的流程返回到上一层的调用点，同时取得当初进入该层时函数中的变量和形参所占用的内存空间的数据。

（4）所有递归问题都可以用非递归的方法来解决，但对于一些比较复杂的递归问题用非递归的方法往往使程序变得十分复杂难以读懂，而函数的递归调用在解决这类问题时能使程序简洁明了有较好的可读性。由于递归调用过程中，系统要为每一层调用中的变量开辟内存空间、要记住每一层调用后的返回点、要增加许多额外的开销，因此函数的递归调用通常会降低程序的运行效率。

【实例6-5】编写程序，使用递归的方法求n!。

程序代码如下：

```
#include<stdio.h>
```

```
int fac(int n);

void main()
{int m,y;
 printf("Enter m:");
 scanf("%d",&m);
 if(m<0)
      printf("Input data Error!n");
 else
 {y=fac(m);
  printf("%d!=%d \n",m,y);
 }
}

int fac(int n)
{int t;
if((n==1)||(n==0))
      return 1;
else
{ t=n*fac(n-1);
  return t;
}
}
```

运行结果如图 6-5 所示。

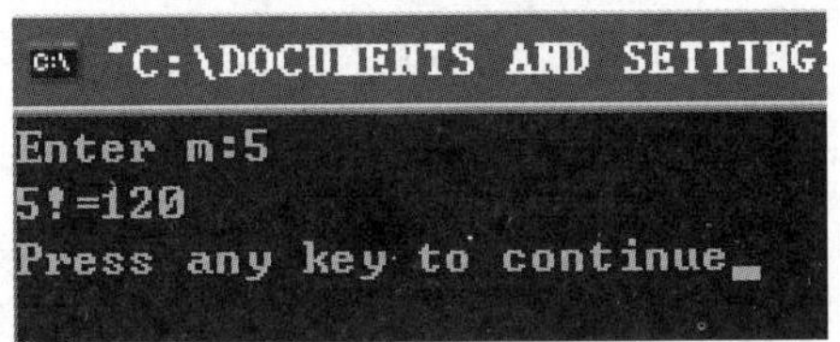

图 6-5　实例 6-5 运行结果

6.5　变量的存储类别

变量按其在程序中的有效作用范围分为内部变量和外部变量，按其在程序运行过程中占用内存空间的时间分为动态存储变量和静态存储变量。

6.5.1　内部变量和外部变量

前面我们接触的所有程序中，变量都是在某函数内部定义的。实际上变量不仅可以在某函数内部定义，还可以在所有函数外部定义，也可以在某复合语句内部定义。在所有函数外部定义的变量称为外部变量（也称全局变量），在某函数内部或某复合语句内部定义的变量称为内部变量（也称局部变量）。

外部变量可以被程序中的多个函数使用，其有效范围从变量定义的位置开始到本程序结束位置的所有函数内。外部变量也可以通过关键字 extern 声明，此时其作用域延伸到定义位置之前的函数。由于外部变量在整个程序执行过程中始终占用存储空间，而且使用外部变量会降低程序的通用性、可读性和清晰性，因此除非特别必要，通常不提倡使用外部变量。

内部变量只在其定义所在的函数或复合语句内有效。形参也是内部变量。

在一个程序中，如果外部变量与内部变量同名，则在内部变量的有效范围内，外部变量被“屏蔽”而不起作用。同样，如果在一个函数中定义的内部变量与复合语句中定义的内部变量同名，则在复合语句中只能识别该复合语句内定义的变量，函数内定义的变量被“屏蔽”。

【实例 6-6】阅读下面的程序，观察变量定义的位置，分析程序的运行结果。

程序代码如下：

```
#include<stdio.h>
void fun(int c);
int a=3,b=5,c=0;            //是外部变量，其作用域为从定义点到程序结尾

void main()
{
    int c=1;                //是内部变量，其作用域为主函数
    fun(c);
    printf("a=%d,b=%d,c=%d\n",a,b,c);
}

void fun(int c)             //形参属于内部变量，其作用域在该函数中
{
    int a=1;
    a=2*a;
    {
        int c=2;            //是内部变量，其作用域为该复合语句
        b=a+b+c;
    }
    c=c+5;
    printf("a=%d,b=%d,c=%d\n",a,b,c);
}
```

运行结果如图 6-6 所示。

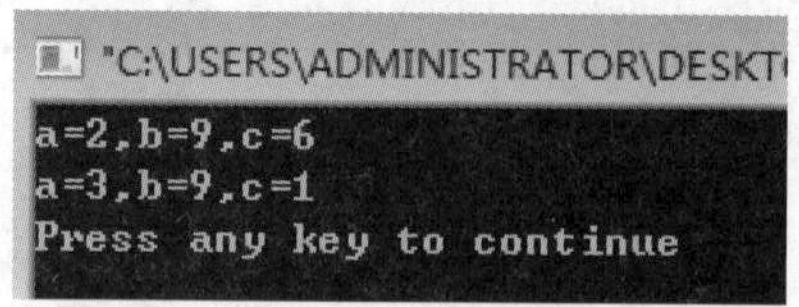

图 6-6　实例 6-6 运行结果

6.5.2　动态存储变量和静态存储变量

在被调函数中定义的所有变量都是在调用该变量所在的函数时才开辟，调用结束时立刻释放，但实际上有些变量开辟与释放时间有所不同。只有在函数调用时才被分配存储单元，一旦调用结束，立即释放存储单元的变量称为动态存储变量（简称动态变量），动态变量用关键字 auto 声明。与动态变量对应，C 语言还提供静态变量的概念，用关键字 static 声明的变量为静态存储变量（简称静态变量）。静态变量在整个程序的运行期间始终占用固定的存储单元，即使退出函数，静态变量占用的存储单元也不释放。

定义动态变量和静态变量，如同临时预订宾馆房间和长期包订固定房间。临时预订方式有利于宾馆合理利用资源，所以大部分情况都采用此种方式。同样，为了合理利用内存中的存储单元，在程序中绝大多数变量均用动态变量，只在必要的情况下才定义静态变量。动态变量只有在函数调用时才被分配存储单元，一旦调用结束，立即释放存储单元。再次调用函数时，系统为这些变量重新分配不同的临时存储单元，退出时又立即释放，因此动态变量的值在退出函数时是不被保留的。

静态变量在整个程序的运行期间，始终占用固定的存储单元，即使退出函数，静态变量占用的存储单元也不释放，再次调用该函数时，静态变量仍使用原来的存储单元，因此静态变量的值在退出函数时是被保留的，直到结束整个程序为止。

在函数内部定义的变量，如不声明为 static 存储类别，则默认为动态变量，关键字 auto 可以省略。

在程序中如果静态变量未赋初值，则系统为该变量自动赋值 0，如果动态变量未赋初值，该变量的值将是一个不确定的值，所以一定要为动态变量赋初值。

【实例 6-7】阅读下面的程序，观察变量的开辟与释放时间，分析程序的运行结果。

程序代码如下：

```
#include<stdio.h>
void fun();
void main()
{
   int i=0;
   for(i=1;i<=3;i++)
       fun();
}
void fun()
{
   auto int a=3;
   static int b=3;
   a=a+2;
   b=b+2;
   printf("a=%d,b=%d\n",a,b);
}
```

运行结果如图 6-7 所示。

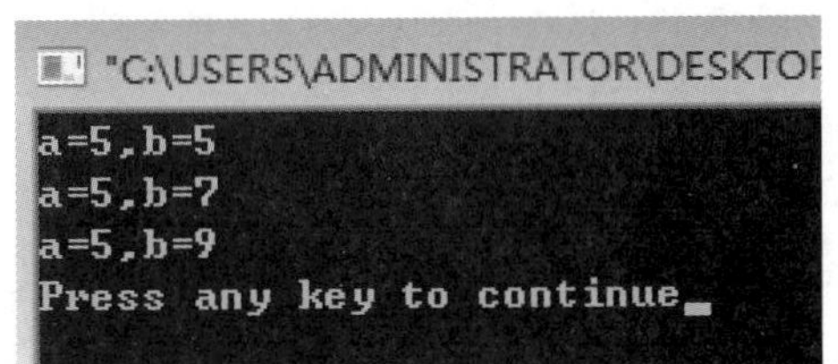

图 6-7　实例 6-7 运行结果

6.6 小型案例

6.6.1 案例一 判断是否为素数

写一个判断素数的函数。

流程图如图 6-8 和图 6-9 所示。

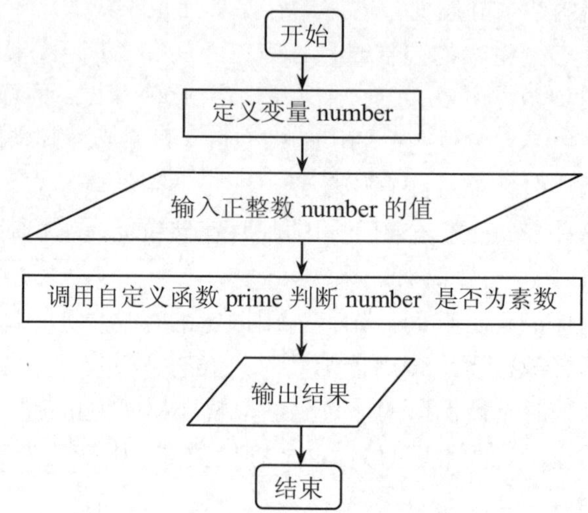

图 6-8 案例一主函数流程图

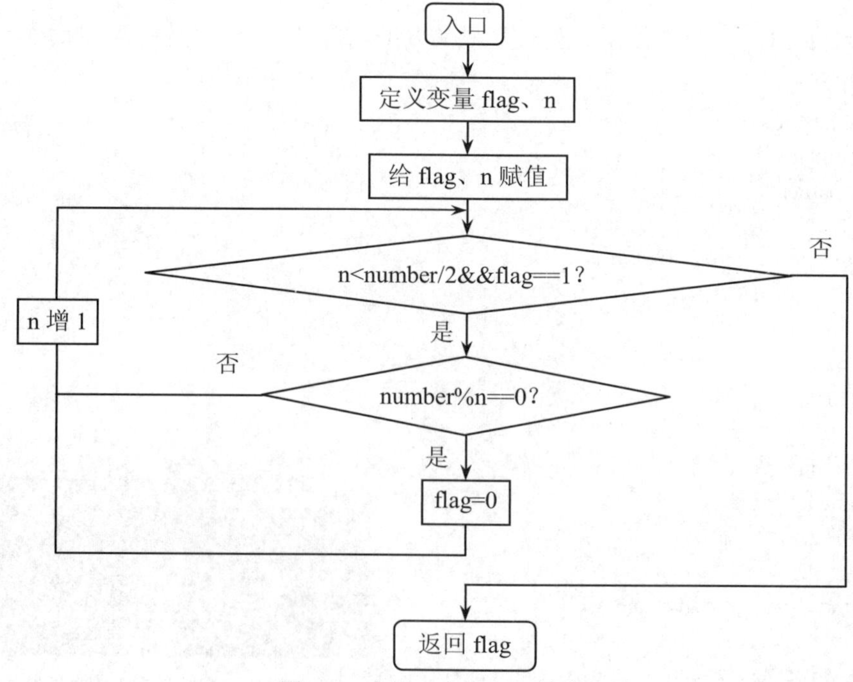

图 6-9 案例一自定义函数流程图

程序代码如下：

```
#include<stdio.h>
int prime(int number);
void main()
{
int number;
printf("请输入一个正整数：\n");
scanf("%d",&number);
if(prime(number))
      printf("%d 是素数。",number);
else
      printf("%d 不是素数。\n",number);
}
int prime(int number)                              //此函数用于判别素数
{
int flag=1,n;
for(n=2;n<number/2&&flag==1;n++)
      if(number%n==0)
            flag=0;
return flag;
}
```

运行结果如图 6-10 所示。

图 6-10　案例一运行结果

6.6.2　案例二　求最大公约数和最小公倍数

写两个函数，分别求两个整数的最大公约数和最小公倍数，用主函数调用这两个函数并输出结果。两个整数由键盘输入。

流程图如图 6-11 至图 6-13 所示。

程序代码如下：

```
#include<stdio.h>
int hcf(int u,int v);
int lcd(int u,int v,int h);
void main()
{
    int u,v,h,l;
    scanf("%d%d",&u,&v);
    h=hcf(u,v);
    printf("H.C.F=%d\n",h);
    l=lcd(u,v,h);
    printf("L.C.D=%d\n",l);
}
```

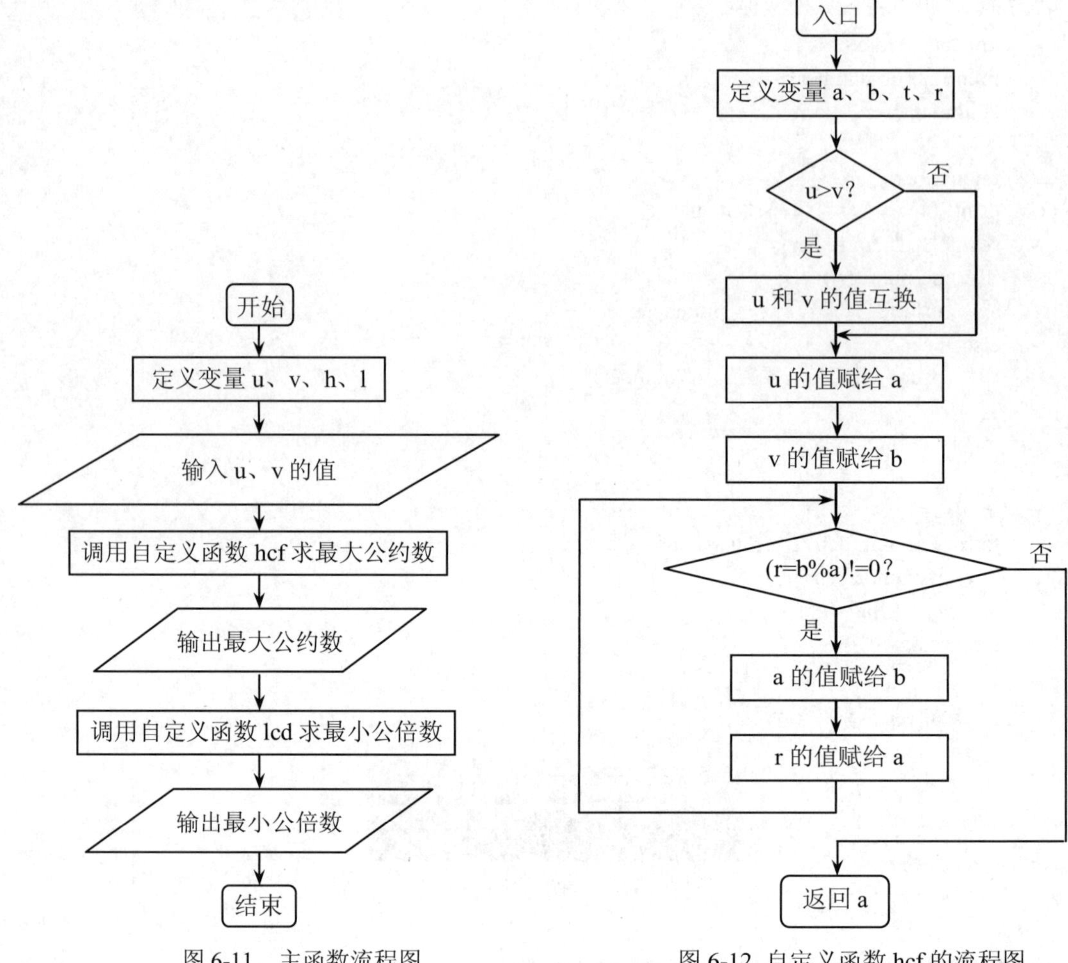

图 6-11 主函数流程图

图 6-12 自定义函数 hcf 的流程图

入口

返回 u*v/h 的值

图 6-13 自定义函数 lcd 的流程图

```
int hcf(int u,int v)
{
     int a,b,t,r;
     if(u>v)
          {t=u;
           u=v;
           v=t;
          }
     a=u;
     b=v;
     while((r=b%a)!=0)
```

```
        {
         b=a;
         a=r;
        }
    return a;
}

int lcd(int u,int v,int h)
{
    return u*v/h;
}
```

运行结果如图 6-14 所示。

```
"C:\USERS\ADMINISTRATOR\DESKT
9 15
H.C.F=3
L.C.D=45
Press any key to continue
```

图 6-14 案例二运行结果

6.7 本章小结

本章首先介绍函数的定义和调用，然后讲解嵌套调用和递归调用的应用，接下来讲解内部变量、外部变量、动态变量和静态变量的使用，最后通过案例来综合运用函数知识解决实际问题。

6.8 习题

一、填空题

1．下面的程序是计算两个数的和，请将程序补充完整。

```
#include<stdio.h>
float add(float x,float y);
void main()
{
    float x=0.0,y=0.0,z=0.0;

    printf("input x and y:");
    scanf("%f%f",&x,&y);
    z=add(x,y);
    printf("%f+%f=%f\n",x,y,z);
}
```

```
________________
{
      float c=0.0;

      c=a+b;
      ________
}
```

2．下面的程序实现了计算 x 的 n 次方，请将程序补充完整。

```
float power(float x,int n)
{
    int i;
    float t=1;
    for(i=1;i<=n;i++)
       t=t*x;
    ______;
}
main()
{
    float x,y;
    int n;
    scanf("%f,%d",&x,&n);
    y=power(x,n);
    printf("%8.2f\n",y) ;
}
```

二、选择题

1．下面程序的输出结果是（　　）。

```
main()
{
    int a=2,i;
    for(i=0;i<3;i++)
    printf("%4d",f(a));
}
f(int a)
{
    int b=0;
    static int c=3;
    b++;
    c++;
    return(a+b+c);
}
```

A．7 7 7　　B．7 10 13　　C．7 9 11　　D．7 8 9

2．下列叙述中错误的是（　　）。

A．主函数中定义的变量在整个程序中都是有效的

B．在其他函数中定义的变量在主函数中也不能使用

C．形式参数也是局部变量

D．复合语句中定义的变量只在该复合语句中有效

三、编程题

1．在主函数中输入三个整数，编写函数求出这三个数中的最大值、最小值和平均值，要求在主函数中输出。

2．编写函数将数组 a（假定有 10 个元素）中所有元素的值均扩大 2 倍，在主函数中调用输出函数输出数组 a 的原值和扩大后的值。

3．编写函数将数组中的元素（假定有 10 个）按由大到小的顺序排序，调用函数输出排序前和排序后的数。

4．在主函数中输入一个整数 n，调用函数在给定的一维数组（假定有 10 个元素）中删除与 n 的值相同的元素，如果没找到，则显示没找到的信息。

5．编写一个函数，函数的功能是求出所有在正整数 M 和 N 之间能被 5 整除，但不能被 3 整除的数并输出，其中 M<N。在主函数中调用该函数求出 100～200 之间能被 5 整除，但不能被 3 整除的数。

第 7 章　指针

本章要点

本章主要讲述指针的概念、指针变量的定义和应用、指针与数组的定义和应用，通过案例和习题练习来熟练掌握指针的应用。

学习目标

- 理解并掌握地址、指针和指针变量的概念。
- 掌握指针变量的定义、初始化和使用方法。
- 掌握指针与数组、函数的关系及应用。

7.1　指针的概念

指针是 C 语言中一个重要的概念，也是 C 语言的一个重要特色。利用指针变量可以表示各种数据结构；能很方便地使用数组和字符串；并能像汇编语言一样处理内存地址，从而编写出精练而高效的程序。

指针极大地丰富了 C 语言的功能。学习指针是学习 C 语言最重要的一环，能否正确地理解和使用指针是我们是否掌握 C 语言的一个标志。同时，指针概念比较复杂，是 C 语言中最为困难的一部分，因此初学时常会出错。所以，请在学习本章时除了要正确理解基本概念外，还必须要多编程、多上机调试，在实践中掌握它。只要做到这些，指针也是不难掌握的。

7.1.1　地址概述

1. 内存单元的地址

为了掌握指针的概念并且能灵活地运用指针，必须弄清楚数据在内存中是如何存储和读取的。

在计算机中，所有的数据都是存放在内存中的，一般把内存中的一个字节称为一个内存单元，不同的数据类型所占用的内存单元数不一样，如 int 占用 4 个字节，char 占用 1 个字节。为了正确地访问这些内存单元，必须为每个内存单元编上号，这个编号就是“地址”，每个内存单元的编号是唯一的，它就相当于你银行卡的卡号。根据编号可以准确地找到该内存单元中存放的数据，这相当于用户根据卡号查找到账户信息一样。

内存单元的编号叫做地址（Address），也称为指针（Pointer）。

2. 内存单元的内容

内存单元的内容是指某地址单元内具体存放的数据，如一个字符、一个整数、实数或一个字符串。

请务必弄清楚，内存单元的指针和内存单元的内容是两个不同的概念。这里可以用一个通俗的例子来说明它们之间的关系，我们用银行卡到 ATM 机上取款时，系统会根据我们的卡号去查找账户信息，包括存取款记录、余额等，信息正确、余额足够的情况下才允许我们取款。在这里，卡号就是账户信息的指针，存取款记录、余额等就是账户信息的内容。对于一个内存单元来说，单元的地址（编号）即为指针，其中存放的数据才是该单元的内容。

假设：

```
int x=3,*px;
```

这里，说明了变量 x 是 int 型的，并且赋了初值。在说明语句中，*px 表示 px 是一个指针，“*”是说明符，它说明后面的变量不是一般变量，而是指针，并且 px 是一个 int 型指针，意味着 px 所指向的变量是一个 int 型变量。假定，要指针 px 指向变量 x，由于指针是用来存放变量的地址值的，因此，要将变量 x 的地址赋给指针 px，变量 x 的地址表示为&x，这里&是运算符，表示取其后面变量的地址值。如果有：

```
px=&x;
```

则 px 是指向变量 x 的指针。假定 x 被分配的内存地址是 2000H，px 和 x 的关系如图 7-1 所示。

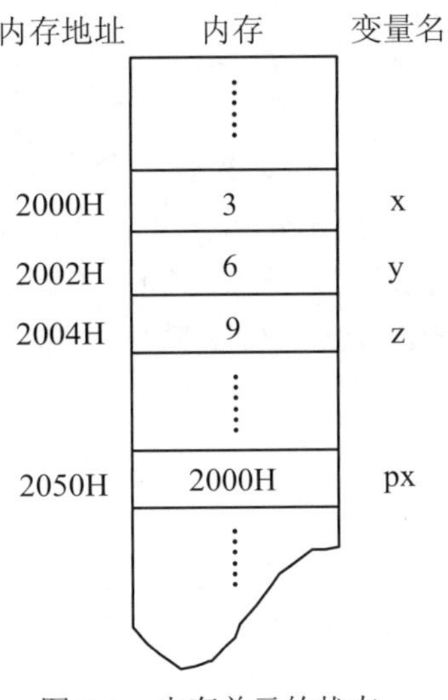

图 7-1　内存单元的状态

图中标明变量 x 的内存地址为 2000H，变量 px 的内存地址为 2050H，变量 x 的值（即内容）为 3，而指针 px 的值为 2000H，可见指针 px 是用来存放变量 x 的地址值的。

3. 变量的访问

一般情况下，程序中的一个变量就对应内存的若干单元，对变量的访问可以简单地认为是通过变量名来对内存单元进行存取操作。实际上，程序在编译之后，变量名已经转化为了与该变量对应的内存单元地址，因而对变量的访问就是通过地址对内存单元的访问。

（1）直接访问。

按照变量地址来对变量进行存取的方式，称为直接访问方式。

例如，如图 7-1 中对变量 x 的读取：printf("%d",x)，其实是先找到 x 的地址 2000H，然后从 2000H 开始读取 2 个字节的数据（即变量值 3），把它输出；同理，用 scanf("%d",&y) 输入 y 的值时，在执行时，直接把从键盘输入的数据（6）送入从地址为 2002H 开始的整型存储单元中。如果有 z=x+y，则从 2000H、2001H 字节取出 x 的值（3），再从 2002H、2003H 字节取出 y 的值（6），将他们相加后的和（9）送到 z 所占用的 2004H、2004H 字节单元中。这种变量的访问方式称为“直接访问”方式。

（2）间接访问。

通过另一变量间接获取某变量的地址，从而间接实现对原变量的访问的方式，称为间接访问方式。

例如，将变量 x 的地址 2000H 存放在另一个变量当中，参见图 7-1，px=2000H，那么，对变量 x 的访问也可以为：先通过变量 px 的地址 2050H 找到该单元的数据 2000H，再将 2000H 视为地址，该地址单元内容就是变量 x 的值（即变量值 3）。

7.1.2 指针的概念

严格地说，一个指针是一个地址，是一个常量。而一个指针变量却可以被赋予不同的指针值，是变量，但常把指针变量简称为指针。为了避免混淆，课程约定：“指针”是指地址，是常量，“指针变量”是指取值为地址的变量。定义指针的目的是为了通过指针去访问内存单元。

例如，地址 2000H 是变量 x 的指针。如果有一个变量专门用来存放另一变量的地址（即指针），则它称为“指针变量”。上述的 px 就是一个指针变量。指针变量的值（即指针变量中存放的值）是指针（地址）。请区分“指针”和“指针变量”这两个概念。例如，可以说变量 x 的指针是 2000H，而不能说 x 的指针变量是 2000H。

7.2 指针变量

变量的指针就是变量的地址。存放变量地址的变量是指针变量。即在 C 语言中，允许用一个变量来存放指针，这种变量称为指针变量。因此，一个指针变量的值就是某个变量的地址或称为某变量的指针。

为了表示指针变量和它所指向的变量之间的关系，在程序中用“*”符号表示“指向”。例如，px 代表指针变量，而*px 是 px 所指向的变量，从图 7-2 可以看到，*px 也是代表一个变量，它和变量 x 是同一回事。下面的两个语句作用相同：

① x=3;

② *px=3;

语句②的含义是：将 3 赋给指针变量 px 所指向的变量。

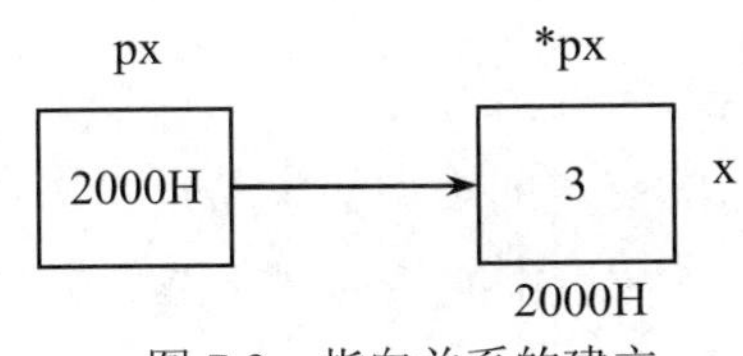

图 7-2　指向关系的建立

7.2.1　指针变量的定义

C 语言规定所有变量在使用前必须先定义。下面先来看几个指针变量定义的例子。

```
int x,y;        /*定义 x、y 是整型变量*/
int *p1;        /*定义 p1 是指向整型变量的指针变量*/
float *p2;      /*定义 p2 是指向浮点型变量的指针变量*/
char *p3;       /*定义 p3 是指向字符型变量的指针变量*/
```

指针变量定义的一般形式为：

类型标识符 *指针变量名;

其中，“*”表示这是一个指针变量，变量名是一个合法的标识符，类型标识符表示该指针变量所指向变量的数据类型。

例如：int *px;

说明：px 是一个指针变量，它的值是某个整型变量的地址。或者说 px 指向一个整型变量。至于 px 究竟指向哪一个整型变量，应该由向 px 赋予的地址来决定。

在定义指针变量时应该注意以下两点：

（1）标识符前面的“*”，表示该变量为指针变量，但指针变量名是 p1，p2，p3，…，而不是*p1，*p2，*p3，…。这是与以前面介绍的定义变量所不同的。

（2）一个指针变量只能指向同类型的变量，如 p2 只能指向浮点型变量，不能时而指向一个浮点型变量，时而又指向一个字符型变量。换句话说，只有同一类型变量的地址才能放到指向该类型变量的指针变量中。

7.2.2　指针变量的引用

1. 指针变量的初始化

在引用指针变量前，必须对它初始化，否则会得到不可预料的值。因为在初始化之前，该指针变量并未指向任何一个具体的变量。

初始化方法如下：

（1）定义时初始化。

如：int x,*px=&x;　　　/*定义指针变量 px，并将它指向变量 x*/

（2）不在定义时初始化，但必须在使用之前初始化。

如：int j=100,k=20,*p1,*p2;

　　p1=&j;

```
p2=&k;
printf("%d   %d",*p1,*p2);
```

说明：初始化时，“&”之后的变量的类型必须与定义指针变量时的“基类型”相一致，如整型指针不能指向非整型的变量（也不能指向字符型变量等）。

2. 与指针变量有关的运算符

（1）&：取地址运算符。

C语言中提供了地址运算符&来获取变量的地址，其一般形式为：

```
&变量名;
```

如&x表示变量x的地址，&y表示变量y的地址。变量本身必须预先定义。

（2）*：指针运算符（或称“间接访问”运算符）。

px指向x后，就可以通过px间接访问它所指向的变量x了。*px就等价于x，所以以下两条赋值语句：

```
*px=12;
x=12;
```

是等价的，都是将12赋给x。同样，下面两条语句：

```
printf("x=%d   \n",x);
printf("*px=%d   \n",*px);
```

直接和间接方式输出变量x的值，因此，输出结果都是10。

不允许把一个数字直接赋予指针变量，故下面的赋值是错误的：

```
int *p;
p=1000;
```

被赋值的指针变量前不能再加*说明符，如写为*p=&a也是错误的。

（3）优先级及结合方向。

“&”和“*”的运算级别相等，且都是“右结合”。

例如，int a=10,*pa;

```
  pa=&a;
```

则&*pa 等效于&(*pa)。因为“&”和“*”的运算级别相等，且都是“右结合”，因此先算*pa，即变量a，再算&，取出变量a的地址。(*pa)++等价于a++。

3. 指针变量的引用

通过例子来说明。

【实例7-1】通过指针变量访问整型变量。

程序代码如下：

```
main()
{  int   x=10;                    /*定义一个整型变量x*/
   int   *px;                     /*定义一个整型指针变量px*/
   x=10;                          /*直接方式给变量x赋值*/
   print("x=%d \n",x);            /*直接方式输出变量x*/
   px=&x;                         /*把变量x的地址赋给px*/
```

```
    *px=100;                     /*间接方式给变量 x 赋值*/
    print("*px=%d \n",*px);      /*间接方式输出变量 x*/
    print("x=%d \n",x);          /*直接方式输出变量 x*/
}
```

运行结果：

```
x=10
*px=100
x=100
```

对程序的说明：

（1）在开头处虽然定义了指针变量 px，但它并未指向任何一个整型变量，只是提供了指针变量，规定它可以指向整型变量。程序第 6 行“px=&x;”的作用就是使 px 指向 x，如图 7-3 所示。

图 7-3　指向变量的确定

（2）第 8 行的“*px”就是变量 x。最后两个 printf 函数的作用是相同的。

（3）程序中有 3 处出现*px，请区分它们的不同含义。指针变量定义语句中的“*”是指针变量的标识符，不是运算符；执行语句中的“*”是运算符，其意义是访问指针变量所指向的变量的值。

（4）程序第 6 行的“px=&x”不能写成“*px=&x”。

7.2.3　指针变量作为函数参数

函数的参数不仅可以是整型、实型、字符型等，还可以是指针类型，它的作用是将一个变量的地址传送到另一个函数中。

【实例 7-2】用 swap()函数交换实参变量的值（传地址方式）。

程序代码如下：

```
#include <stdio.h>
void swap(int *p1, int *p2)      /*swap 函数原型声明，形参为指针变量 */
{   int temp;                    /* 利用临时变量 temp 进行交换 */
    temp = *p1;
    *p1 = *p2;                   /*交换指针变量所指向的存储单元中的值*/
    *p2 = temp;
}
main()
{   int x=2, y=7;
    int *px,*py;
    px=&x;
```

```
        py=&y;
        swap(px,py);
        printf("In main:x= %d y= %d\n",x, y);
    }
```

运行结果：

```
In main:x=7    y=2
```

对程序的说明：

（1）swap 是自定义函数，作用是交换两个变量（x 和 y）的值。swap 函数中的临时变量 temp 是简单变量，如果也是指针变量，则由于 temp 的指向不定，在赋值（*temp=*p1）时会破坏系统的正常工作。swap 函数中，必须对指针进行“*”运算，才能实现两个原变量单元内容的交换。

（2）swap 函数的形参 p1、p2 是指针变量。程序运行时，先执行 main 函数，将 x 和 y 的地址分别赋值给指针变量 px 和 py，使 px 指向 x，py 指向 y。

（3）注意实参 px 和 py 是指针变量，在函数调用时，实参也必须用指针，才能满足实、形参类型一致的原则，将实参变量的值传递给形参变量，采取的依然是“值传递”方式。因此虚实结合后形参 p1 的值为&x，p2 的值为&y。这时，p1 和 px 指向变量 x，p2 和 py 指向变量 y。

（4）执行 swap 函数的函数体使*p1 和*p2 的值互换，也就是使 x 和 y 的值互换，函数调用结束后，p1 和 p2 不复存在（已释放）。参数传递如图 7-4 所示。

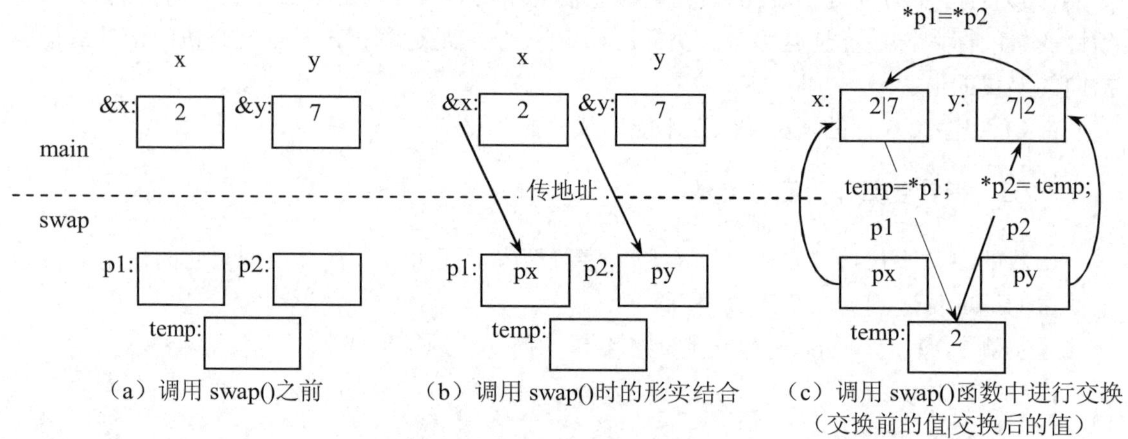

（a）调用 swap()之前　（b）调用 swap()时的形实结合　（c）调用 swap()函数中进行交换（交换前的值|交换后的值）

图 7-4　调用自定义 swap()函数的过程

（5）在 main 函数中输出的 x 和 y 的值是已经交换过的值。

7.3 指针与数组

一个变量有一个地址，一个数组包含若干元素，每个数组元素都在内存中占用存储单元，它们都有相应的地址，因此也可以用指针指向一个数组。所谓数组的指针是指数组的起始地址，数组元素的指针是数组元素的地址。故对数组元素的引用，可以采用前面讲的下标法（例如 a[3]），也可以采用指针间接引用。

7.3.1　指向数组元素的指针变量

定义一个指向数组元素的指针变量的方法，与以前介绍的指针变量相同。例如：

```
int   a[5];          /*定义 a 为包含 10 个整型数据的数组*/
int   *p;            /*定义 p 为指向整型变量的指针*/
```

应当注意，因为数组为 int 型，所以指针变量也应该为指向 int 型的指针变量。下面是对指针变量赋值：

```
p=&a[0];
```

把 a[0]元素的地址赋给指针变量 p，也就是说 p 指向 a 数组的第 0 个元素，如图 7-5 所示。

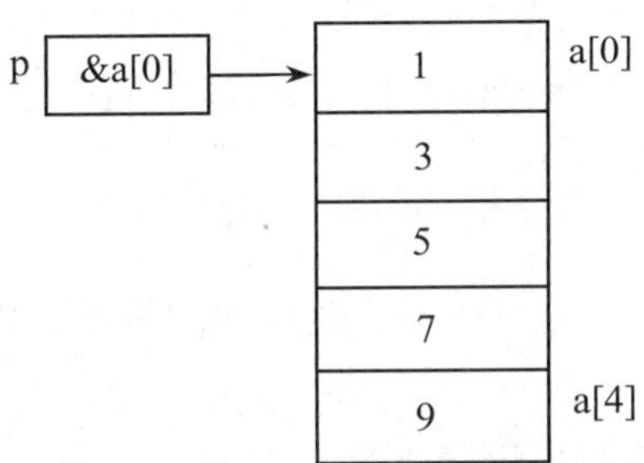

图 7-5　用指针引用数组元素首地址

C 语言规定，数组名代表数组的首地址，也就是第 0 号元素的地址。因此，下面两条语句等价：

```
p=&a[0];
p=a;
```

注意：数组 a 不代表整个数组，“p=a”的作用是把 a 数组的首地址赋给指针变量 p，而不是把数组 a 各元素的值赋给 p。

在定义指针变量时可以赋给初值：

```
int *p=&a[0];
```

它等效于：

```
int *p;
p=&a[0];
```

当然定义时也可以写成：

```
int *p=a;
```

从图 7-5 中可以看出有以下关系：p、a、&a[0]均指向同一单元，它们是数组 a 的首地址，也是第 0 个元素 a[0]的首地址。应该说明的是，p 是变量，而 a、&a[0]都是常量，在编程时应予以注意。

7.3.2 通过指针引用数组元素

C 语言规定：如果指针变量 p 已指向数组中的一个元素，则 p+1 指向同一数组中的下一个元素。

引入指针变量后，就可以用两种方法来访问数组元素了。

如果 p 的初值为&a[0]，则：

（1）p+i 和 a+i 就是 a[i]的地址，或者说它们指向 a 数组的第 i 个元素，如图 7-6 所示。

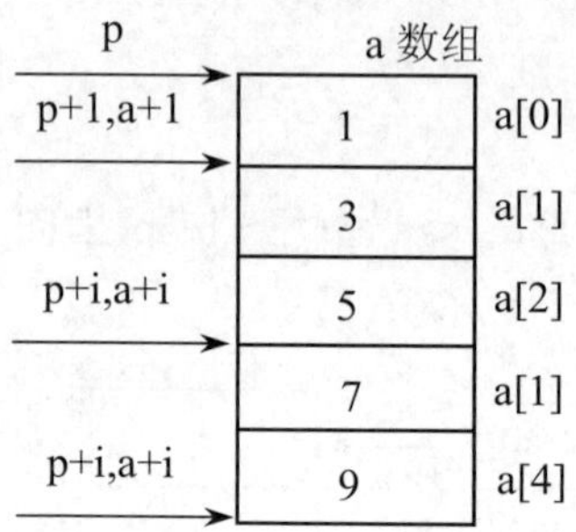

图 7-6　用指针引用数组元素

（2）*(p+i) 或 *(a+i) 就是 p+i 或 a+i 所指向的数组元素（的内容），即 a[i]。例如，*(p+5) 或*(a+5) 就是 a[5]。

（3）指向数组的指针变量也可以带下标，如 p[i]与*(p+i)等价。

根据以上叙述，引用一个数组元素可以用：

（1）下标法：用 a[i]形式访问数组元素，在前面介绍数组时都是采用这种方法。

（2）指针法：采用*(a+i)或*(p+i)形式，用间接访问的方法来访问数组元素，其中 a 是数组名，p 是指向数组的指针变量，它们的值相同。

【实例 7-3】用下标法和指针法引用数组元素。

程序代码如下：

```
#include <stdio.h>
main()
{
    int a[5]={1,3,5,7,9};
    int *p=a, i;
    for(i=0; i<5; i++);
        printf(i==5? " %d \n": " %d ", a[i]);         /*数组名下标法*/
    for(i=0;i<5;i++);
        printf(i==5? " %d \n": " %d ",*( a+i));     /*数组名指针法*/
    for(i=0; i<5; i++);
        printf(i==5? " %d \n": " %d ", p[i]);         /*指针变量下标法*/
    for(i=0;i<5;i++);
        printf(i==5? " %d \n": " %d ",*( p+i));     /*指针变量指针法*/
}
```

运行结果：

```
1  3  5  7  9
1  3  5  7  9
1  3  5  7  9
1  3  5  7  9
```

对程序的说明：

（1）程序中用下标法和指针法的 4 种方式引用数组元素，结果完全一样，说明它们是完全等价的。printf()语句中的格式字符串是一个条件表达式，选择两种输出格式之一，输出最后一个元素时同时输出回车换行，输出其他元素时同时输出空格而不是回车换行。

（2）这 4 种方法，前两种的执行效率是一样的。编译程序是将 a[i]转换为*(a+i)处理的；后两种方法比前两种效率高，用指针变量直接指向元素，不必每次都重新计算地址，并且像 p++这样的操作是比较快的，但下标法又较指针法更为直观。

7.3.3　数组名作函数参数

用普通变量作函数参数，形参和实参位于不同的内存区域，发生函数调用时，会把实参的值传递给形参，改变形参的值不会影响到实参，它们是相互独立的，这称为按值传递。

在用数组名作函数参数时，不是进行值的传送，不会把实参数组的每一个元素的值都赋予形参数组的各个元素，因为实际上形参数组并不存在，编译系统不为形参数组分配内存。那么，数据的传送是如何实现的呢？数组名就是数组的首地址，用数组名作函数参数时所进行的传送只是地址的传送，也就是说把实参数组的首地址赋予形参数组名。形参数组名取得该首地址之后，也就等于有了实实在在的数组。实际上是形参数组和实参数组为同一数组，拥有同一段内存空间。这种传值方式称为按引用传递。

如图 7-7 所示，设 a 为实参数组，类型为 int，a 占用以 2000H 为首地址的一段内存区域，b 为形参数组名。当发生函数调用时，进行地址传送，把实参数组 a 的首地址传送给形参数组名 b，b 取得了该地址 2000H，于是 a、b 两数组共同占用以 2000H 为首地址的一段连续内存单元。从图中还可以看出 a 和 b 下标相同的元素实际上也占用相同的一段内存（整型数组每个元素占 4 个字节），例如 a[0]和 b[0]都占用 2000H、2001H、2002H、2003H 四个字节。

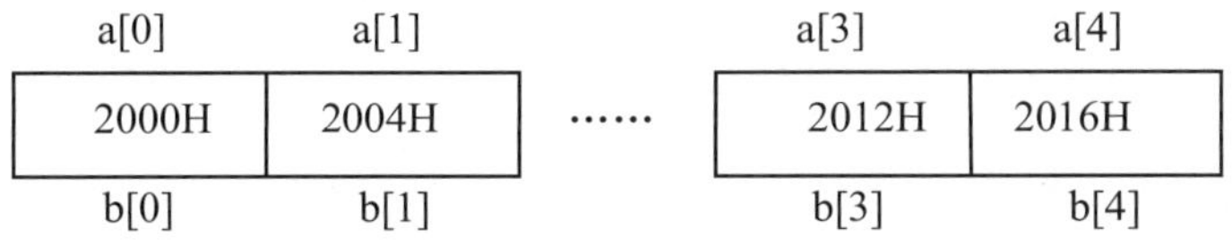

图 7-7　按引用传递方式传值

函数实参和形参的配合上有 4 种等价形式，这 4 种等价形式在本质上是一种，见表 7.1。但一般而言，用数组名作形参，在函数内部对数组元素进行操作更直观，程序更易读懂，因而实际应用中多采用这种形式。

表 7.1 数组名和数组指针作函数参数时的对应关系

实参	形参
数组名	数组名
数组名	指针变量
指针变量	数组名
指针变量	指针变量

（1）实参和形参都用数组名。

```
void data(int arr[],int n)
{
    int i;
    for(i=0;i<n;i++);
        printf(\n%d,arr[i]);
}
main()
{
    int a[6]={1,2,3,4,5,6};
    data(a,6);
}
```

（2）实参用数组名，形参用指针。

```
void data(int *arr, int n)
{
    int i;
    for(i=0;i<n;i++);
        printf(\n%d,*(arr+i.));
}
main()
{
    int a[6]={1,2,3,4,5,6};
    data(a,6);
}
```

（3）实参用指针，形参用数组名，利用下标引用指针变量所指的数组元素。

```
void data(int arr[],int n)
{
    int i;
    for(i=0;i<n;i++);
        printf(\n%d,arr[i]);
}
main()
{
    int a[6]={1,2,3,4,5,6};
    int *p=a;
    data(p,6);
}
```

（4）实参和形参都用指针。

```
void data(int *arr, int n)
{
    int i;
    for(i=0;i<n;i++);
        printf(\n%d,*(arr+i.));
}
main()
{
    int a[6]={1,2,3,4,5,6};
    int *p=a;
    data(p,6);
}
```

通过指针变量存取数组元素速度快，而且程序简明。用指针变量作形参，可以允许数组的行数不同。因此，数组与指针常常是紧密联系的，使用熟练的话可以使程序质量提高，而且编写程序方便灵活。

7.4　指针与字符串

7.4.1　字符串的表示形式

在 C 语言中，可以通过字符数组存放一个字符串，也可以用字符指针指向一个字符串。

【实例 7-4】用字符数组中存放一个字符串，然后输出该字符串。

程序代码如下：

```
#include <stdio.h>
main()
{
    char string[] = "This is a string!";        /*字符数组存放字符串*/
    printf("\n %s ", string);                   /*整体引用输出*/
    printf("\n ");
        for(i=0;*(string+i)!='\0';i++);         /*逐个引用*/
            printf(" %c ", *(string+i));
}
```

运行结果：

```
This is a string!
This is a string!
```

【实例 7-5】用字符指针指向一个字符串。

程序代码如下：

```
#include <stdio.h>
main()
{
    char *p = "This is a string!";        /*字符指针 p 指向字符串*/
    int i;
```

```
        printf("%s\n ", p);                    /*整体引用输出*/
        for(i=0;p[i]!='\0';i++);               /*逐个引用*/
            printf(" %c ", p[i]);
            printf("\n ");
        for(;*p!='\0';p++);
            printf(" %c ", *p);
    }
```

运行结果：

```
This is a string!
This is a string!
This is a string!
```

C 语言对字符串常量是按字符数组处理的，在定义字符串常量“This is a string!”时，在内存中开辟了一个字符数组来存放它，并把首地址赋值给字符串指针 p，如图 7-8 所示。

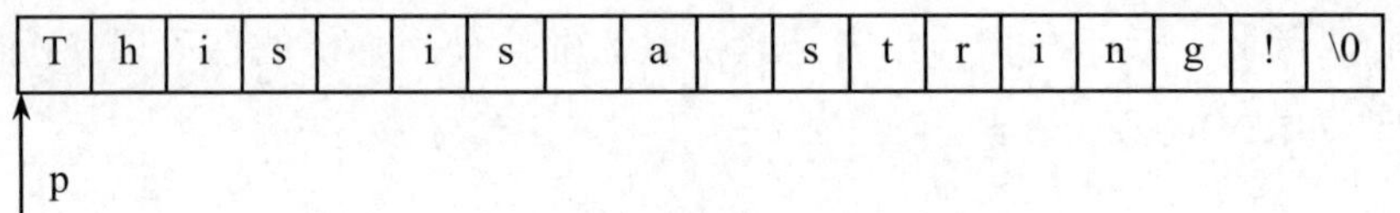

图 7-8　字符串常量在内存中的存放

7.4.2　字符串指针作函数参数

将一个字符串从一个函数传递到另外一个函数，可以用地址传递的方法，即用字符数组名作参数或用指向字符的指针变量作参数。在被调用的函数中可以改变字符串内容，在主调函数中可以得到改变了的字符串。

【实例 7-6】要求把一个字符串的内容复制到另一个字符串中，并且不能使用 strcpy 函数。函数 cpy_str 的形参为两个字符指针变量：a 指向源字符串，b 指向目标字符串。注意表达式(*b=*a)!='\0'的用法。

程序代码如下：

```
void cpy_str(char *a,char *b)
{
    while((*b=*a)!='\0'){
        b++;
        a++; }
}
main(){
    char *pa="china",b[10],*pb;
    pb=b;
    cpy_str(pa,pb);
    printf("string a=%s\nstring b=%s\n",pa,pb);
}
```

在本例中，程序完成了两项工作：

（1）把 a 指向的源字符串复制到 b 指向的目标字符串中。

（2）判断所复制的字符是否为'\0'，若是，则表明源字符串结束，不再循环；否则，b和a都加1，指向下一个字符。

在主函数中，以指针变量pa、pb为实参，分别取得确定值后调用cpy_str函数。由于采用的指针变量pa和a，pb和b均指向同一字符串，因此在主函数和cpy_str函数中均可使用这些字符串。也可以把cpy_str函数简化为以下形式：

```
cpy_str(char *a,char*b)
{while ((*b++=*a++)!='\0');}
```

即把指针的移动和赋值合并在一个语句中。进一步分析还可以发现'\0'的 ASCⅡ码为 0，对于while语句只看表达式的值为非0就循环，为0则结束循环，因此也可省去“!='\0'”这一判断部分，而写为以下形式：

```
cpy_str (char *a,char *b)
{while (*b++=*a++);}
```

表达式的意义可以解释为，源字符向目标字符赋值，移动指针，若所赋值为非 0 则循环，否则结束循环，这样使程序更加简洁。

简化后的程序如下：

```
void cpy_str(char *a,char *b){
while(*b++=*a++);
}
main()
{   char *pa="china",b[10],*pb;
    pb=b;
    cpy_str(pa,pb);
    printf("string a=%s\nstring b=%s\n",pa,pb);
}
```

字符数组和字符指针变量都可以实现字符串的存储和运算，但是两者是有区别的，在使用时应注意以下几个问题：

（1）概念不同。

字符数组由若干元素组成，其中每个元素就是一个字符。而对应的字符指针变量则存放的是字符串的首地址，并非将整个字符串放到字符指针变量中。

（2）赋值方式不同。

字符数组只能对各个元素赋值，不能进行整体赋值（注意与初始化时赋值号后出现的整个字符串的情况的区分）。而给字符指针变量赋值时却可以使用整个字符串，但此时也只是将字符串的首地址而非整体赋值给字符指针变量。

例如允许：

```
char *a;
a="I Love China！ ";
```

或

```
char str[18]="I Love China！ ";
```

不允许：

```
char str[18];
```

```
str="I Love China！";
```

（3）初始化的意义不同。

```
char *a="I Love China！";
```

等价于：

```
char *a;
a="I Love China！";
```

而

```
char str[18]="I Love China！";
```

不等价于：

```
char str[18];
str[]="I Love China！"
```

（4）字符数组定义后，在编译时就分配存储单元，有确切的地址。而定义一个字符指针变量后（指针变量本身有确切的存储地址），在对它初始化之前，其指向是不明确的，即指针变量在初始化之前并没有明确地指向哪一个变量，故此时不能使用它。

（5）指向字符数组的指针变量的值在使用过程中可以改变，而字符数组一旦定义，其数组名所代表的起始地址不能改变（即不能改变数组名的地址值）。

（6）利用指针变量的指向可以改变的灵活性可以实现变格式的输出函数（用指针指向不同的格式字符串，即可实现按不同的格式输出）。

从以上几点可以看出字符串指针变量与字符数组在使用时的区别，同时也可以看出使用指针变量更加方便。

7.5　小型案例

7.5.1　案例一　排序

输入 a 和 b 两个整数，按先大后小的顺序输出。

```
#include <stdio.h>
void swap(int *p1,int *p2){                /*交换两个数*/
    int *p;
    p = p1;
    p1 = p2;
    p2 = p;
}
main(){
    int a, b;
    int *pointer_1, *pointer_2;
    scanf("%d, %d",&a, &b);
    pointer_1 = &a;
    pointer_2 = &b;
    if(a<b){
        swap(pointer_1, pointer_2);
    }
```

```
        printf("\n%d, %d\n",a, b);
    }
```

运行结果：

```
    10, 20↙
    10, 20
```

7.5.2　案例二　筛选

判断一个整数数组中各元素的值，若大于 0 则输出该值，若小于等于 0 则输出 0 值。

```
    #include <stdio.h>
    void nzp(int *a){
        int i;
        for(i=0; i<5; i++){
            if(a[i]<0) a[i]=0;    /*小于 0 的元素，赋值为 0 */
        }
    }
    main(){
        int b[5], i;
        printf("Input 5 numbers:\n");
        for(i=0; i<5; i++)
            scanf("%d", &b[i]);
        printf("Initial values of array b are: ");
        for(i=0; i<5; i++)
            printf("%d ", b[i]);
        nzp(b);
        printf("\nFinal values of array b are: ");
        for(i=0; i<5; i++)
            printf("%d ",b[i]);
        return 0;
    }
```

运行结果：

```
    Input 5 numbers:
    2↙
    3↙
    -18↙
    -35↙
    99↙
    Initial values of array b are: 2    3    -18    -35    99
    Final values of array b are: 2    3    0    0    99
```

7.6　本章小结

本章首先介绍指针的概念，然后讲解指针变量的定义和使用，接下来讲解指针与字符串的应用，最后通过案例来综合运用指针知识以解决实际问题。

7.7 习题

一、填空题

1．下面程序的输出结果是__________。

```
#include <stdio.h>
main()
{
    int a[ ]={1,2,3,-4,5};
    int m,n,*p;
    p=&a[0];
    m=*(p+2);
    n=*(p+4);
    printf("*p=%d,m=%d,n=%d\n ",*p,m,n);
}
```

2．下面程序的输出结果是__________。

```
#include <stdio.h>
main()
{
    char *p[4]={"China","Japan","England","Germany"};
    char **pp;
    int i;
    pp=p;
    for(i=0;i<4;i++;pp++);
    printf("\n%c",*(*pp+2)+1);
}
```

二、选择题

1．变量的指针，其含义是指该变量的（　　）。

A．值　　B．地址　　C．名　　D．一个标志

2．已有定义 int k=2;int *ptr1,*ptr2;，且 ptr1 和 ptr2 均已指向变量 k，下面不能正确执行的赋值语句是（　　）。

A．k=*ptr1+*ptr2;　　B．ptr2=k;　　C．ptr1=ptr2;　　D．k=*ptr1*(*ptr2);

3．若有说明：int *p,m=5,n;，则以下程序段正确的是（　　）。

A．p=&n;
　　scanf("%d",&p);

B．p=&n;
　　scanf("%d",*p);

C．scanf("%d",&n);
　　*p=n;

D．p = &n;
　　*p = m;

4．已有变量定义和函数调用语句：int a=25;print_value(&a);，下面函数的输出结果是

（　　）。

```
void print_value(int *x)
{
    printf("%d\n",++*x);
}
```

A．23　　B．24　　C．25　　D．26

5．若有说明：int *p1, *p2, m=5, n;，则以下均是正确赋值语句的选项是（　　）。

A．p1=&m; p2=&p1;　　B．p1=&m; p2=&n; *p1=*p2;

C．p1=&m; p2=p1;　　D．p1=&m; *p1=*p2;

三、编程题

1．用指针方法编写一个程序，输入 3 个整数，将它们按由小到大的顺序输出。

2．数组 a 中存放了一个学生 5 门课程的成绩，求该学生的平均成绩。

3．输出字符串中 n 个字符后的所有字符。

4．将数组 a 中的 n 个整数按相反顺序存放。

5．编写一个求字符串的函数（参数用指针），在主函数中输入字符串并输出其长度。

第 8 章　结构体

本章要点

本章主要讲述结构体类型的概念，指针变量的定义、引用和应用，通过案例和习题练习来熟练掌握结构体的应用。

学习目标

- 掌握结构体类型变量的定义和引用。
- 掌握通过结构体指针变量和结构体变量访问结构体成员的方法。

8.1　结构体类型

整型、实型和字符型构成了 C 语言的基本数据类型，称由这些数据组合而成的数据为构造型数据，第 5 章介绍的数组就是由同类型数据组合而成的构造型数据，而本章介绍的结构体数据类型则是由不同类型的数据组合而成的。

假设通过学号、姓名、性别、年龄和入学成绩来描述一个学生，分别以标识符 number（字符串）、name（字符串）、sex（字符）、age（整型）和 score（整型）表示，由这些不同类型的数据组合在一起描述学生这一特定类型的对象。这是一种根据实际需要产生的、新的数据类型，称之为结构体类型，根据其所描述的对象，可以将其命名为 student 结构体类型。

C 语言规定了定义结构体类型的方法，以下是 C 程序中定义 student 结构体类型的语句：

```
struct student
{
   char number[6];
   char name[20];
   char sex;
   int age;
   int score;
};
```

其中，struct 为定义结构体类型的关键字，student 为所定义的结构体类型名。结构体类型名由用户命名，但必须符合标识符的命名规则。花括号内所定义的变量称为结构体成员，它们构成了所定义的结构体类型的特征。结构体类型 student 的特征由结构体成员 number[]、name[]、sex、age 和 score 共同描述。最后，以“;”表示定义结构体类型语句结束。

由此，可以得到定义结构体类型的一般格式：

struct 结构体类型名

```
{
  结构体成员表列
};
```

8.2　结构体变量

8.2.1　结构体变量的定义

student 是由用户自己定义的数据类型，与 int、char、float 等类型说明符一样，本身不能直接参与数据处理，必须通过定义 student 类型的变量才能参与程序运行。

定义结构体类型变量的一般格式为：

```
struct 结构体类型名 变量名;
```

例如语句：

```
struct student s1,s2;
```

定义了两个 student 类型的变量 s1 和 s2，并且由 C 编译程序为 s1 和 s2 分配存储单元，假定存储单元的起始地址为 2000H，则 s1 的存储情况如图 8-1 所示。

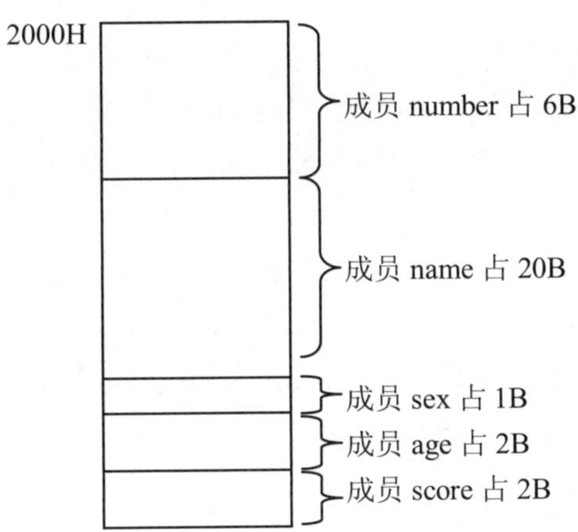

图 8-1　结构体变量 s1 在内存中的存储

由图 8-1 可知，结构体变量 s1 存储的起始地址为 2000H，s1 所占内存大小就是 s1 的各成员所占内存的总和，共计 31B，可照此推知结构体 s2 的存储情况。

C 语言还允许在定义结构体类型的同时定义结构体类型的变量，例如：

```
struct student
{
  char number[6];
  char name[20];
  char sex;
  int age;
```

```
    int score;
}s1,s2;
```

就定义了结构体类型 student，同时又定义了 student 类型的变量 s1 和 s2。

由此，可以得到定义结构体类型的又一种格式：

```
struct 结构体类型名
{
    结构体成员表列
}变量名列表;
```

与整型、字符型和浮点型变量一样，可以在定义结构体类型变量的同时对其初始化，对结构体类型变量的初始化就是用初始化数据对结构体变量相应的成员进行初始化。

【实例 8-1】结构体变量的初始化。

程序代码如下：

```
struct student
{
   char number[6];
   char name[20];
   char sex;
   int age;
   int score;
}s1={"00001","Peter",'m',19,250},s2={"00002","Betty",'f',18,268};
```

结构体变量 s1、s2 的成员被赋予相应的值，如 s1 的成员 number[]的值为"00001"，age 的值为 19，s2 的成员 name[]的值为"Betty"，score 的值为 268。

在对结构体类型变量初始化时，初始化数据和结构体成员在类型、个数和顺序上必须保持一致。

C 语言中各种数据类型的变量都可以成为结构体类型的成员，所以结构体类型变量也可以成为结构体类型的成员。

【实例 8-2】假设学生的入学成绩由语文成绩、数学成绩和外语成绩构成，分别以标识符 score1、score2 和 score3 表示，则可以将入学成绩定义为结构体类型 score，并重新定义结构体类型 student。

程序代码如下：

```
struct score
{
    int score1;
    int score2;
    int score3;
};
struct student
{
    char number[6];
    char name[20];
    char sex;
    int age;
```

```
    struct score stscore;
}s1={"00001","Peter",'m',19,{75,82,93}},
s2={"00002","Betty",'f',18,{81,94,93}};
```

（1）遵循“说明在前，使用在后”的原则，应当将结构体类型 score 定义在前，这样才可以在定义结构体类型 student 的成员时定义 score 类型的变量。

（2）在结构体类型 student 的成员中，由语句“struct score stscore;”定义了结构体类型 score 的变量 stscore，该变量有 3 个成员：score1、score2 和 score3，尽管 score 的 3 个成员都是 int 型的，但还是应该分别说明，以避免出错。在定义 student 类型变量 s1 和 s2 时，分别用初始化数据{75,82,93}和{81,94,93}对它们进行初始化。结构体类型 student 的构造如图 8-2 所示，student 类型的变量 s1 和 s2 相当于表中的两行数据。

	number	name	sex	age	score.stscore		
					score1	score2	score3
s1:	00001	Peter	m	19	75	82	93
s2:	00002	Betty	f	18	81	94	93

图 8-2　结构体类型 student 与 student 类型变量 s1 和 s2

8.2.2　结构体变量的引用

在 C 程序中，不允许引用结构体变量整体，例如结构体变量之间的赋值或输入/输出结构体变量的操作都是非法的，只能通过结构体变量访问和引用其成员。

引用结构体变量成员的格式：

　　结构体变量名.成员名

以实例 8-1 中的结构体变量 s1 和 s2 为例，s1.name 的值为字符串常量"Peter"，s2.sex 的值为字符常量'f'。

再以实例 8-2 中的结构体变量 s1 和 s2 为例，s1.stscore.score1 的值为 75，s2.stscore. score3 的值为 93。

注意：由于 score1 是结构体变量 stscore 的成员，而 stscore 又是结构体变量 s1 的成员，所以由 s1.stscore 访问 s1 成员 stscore，再由 stscore.score1 访问 stscore 的成员 score1。

【实例 8-3】参考实例 8-1 中 student 类型的定义，以表的形式输出学生的信息。

程序代码如下：

```
main()
{
    struct student
    {
     char number[6];
     char name[20];
     char sex;
     int age;
     int score;
```

```
}s1={"00001","Peter",'m',19,250},
s2={"00002","Betty",'f',18,268};
  printf("Number      Name      Sex      Age      Score\n");
   printf("_____________________________________________\n");
   printf("%s      %s      %c      %d      %d\n",
      s1.number,s1.name,s1.sex,s1.age,s1.score);
   printf("%s      %s      %c      %d      %d\n",
      s2.number,s2.name,s2.sex,s2.age,s2.score);
   }
```

程序说明：第 14 和 15 行，以相应的格式输出结构体变量 s1 的各成员值，结构体变量的成员在程序中的使用和同类型的变量相同。

运行结果：

```
Number   Name    Sex   Age    Score
00001    Peter   m     19     250
00002    Betty   f     18     268
```

8.3 结构体变量的应用

8.3.1 指向结构体类型数据的指针

在定义了结构体类型及结构体变量以后，C 编译程序将为结构体变量分配存储区域，而存储区域的首地址就是结构体变量的指针。以图 8-1 为例，结构体变量 s1 的存储首地址为 2000H，也就是说，结构体变量 s1 的指针是 2000H。在 C 程序中，使用取地址运算符“&”就可以获得结构体变量的指针。

与整型、实型和字符型一样，可以定义结构体类型的指针变量，用于存放结构体变量的指针。

定义结构体类型指针变量的格式为：

struct 结构体类型名 *结构体变量名;

这里的结构体类型名指的是结构体变量将指向的结构体变量的类型。例如，设已经定义了结构体类型 student，执行语句：

```
struct student s1,s2,*p=&s1;
```

就定义了 student 类型的两个结构体变量 s1 和 s2 与 student 类型的指针变量 p，并使 p 指向结构体变量 s1 的存储地址。

如果结构体指针变量已经指向某个结构体变量，则可以通过该指针变量访问其指向的结构体变量的成员，使用格式为：

指针变量名->成员名

例如，设 student 类型的指针变量 p 已经指向结构体变量 s1，则 P -> number 等价于 s1.number，P -> age 等价于 s1.age，P -> score 等价于 s1.score。

【实例 8-4】使用结构体指针变量实现实例 8-3。

程序代码如下：

```
main()
{
    struct student
    {
        char number[6];
        char name[20];
        char sex;
        int age;
        int score;
    }s1={"00001","Peter",'m',19,250},
    s2={"00002","Betty",'f',18,268},*p=&s1;
        printf("Number      Name      Sex      Age      Score\n");
        printf("________________________________________________\n");
        printf("%s      %s      %c      %d      %d\n",
            P->number,P->name,P->sex,P->age,P->score);
        p=&s2;
    printf("%s      %s      %c      %d      %d\n",
        P->number,P->name,P->sex,P->age,P->score);
}
```

程序说明：第 11 行，定义 student 类型指针变量 p，并使其指向结构体变量 s1；第 14 和 15 行，以相应的格式输出结构体变量 s1 的各成员值，在这里，用“p->成员名”的形式取代原来“s1.成员名”的形式；第 16 行，使指针变量 p 指向结构体变量 s2。

8.3.2　结构体数组

在定义了结构体类型后，可以定义结构体数组。

定义结构体数组的格式为：

struct 结构体类型名 数组名[元素个数];

以前面定义的结构体类型 student 为例，执行语句：

struct student s[10];

就定义了一个有 10 个元素的 student 类型的数组 s[]，数组的每个元素都是 student 类型的结构体变量，可以在 C 程序中通过数组元素名 s[i]（i=0，1，2，…，9）引用相应的结构体成员。

【实例 8-5】参考实例 8-2 中 student 类型的定义，从键盘输入学生信息，输出学生的姓名和成绩总分。

程序代码如下：

```
#include<stdio.h>
main()
{
    int i;
    struct score
    {
```

```
        int score1;
        int score2;
        int score3;
    };
struct student
{
    char name[10];
    char sex;
    int age;
    struct score stscore;
}s[2];
    for(i=0;i<2;i++)
    {
        printf("Please Input name and scores\n");
        scanf("%s",s[i].name);
        scanf("%d",&s[i]. stscore. score1);
        scanf("%d",&s[i]. stscore. score2);
        scanf("%d",&s[i]. stscore. score3);
    }
    for(i=0;i<2;i++)
    printf("%s:Total Score is %d\n",s[i].name,( s[i]. stscore. score1+s[i]. stscore. score2+ s[i].
        stscore. score3));
}
```

程序说明：第 5～10 行，定义结构体类型 score；第 11～17 行，定义结构体类型 student，同时定义 student 类型的数组 s[]，该数组的每一个元素都是结构体变量；第 18～25 行，根据题意，输入 s[i]的成员值，读者注意不要用一个 scanf 语句输入多个成员值，应将各成员值分别输入，成员 name[]为字符串，故第 21 行不可使用取地址符“&”，而第 22～24 行中的成员 score1～score3 为整型变量，必须使用取地址符“&”；第 27 和 28 行，输出结果。

运行结果：

第一次显示：Please Input name and scores
输入 Peter,75,82,93<回车>
第二次显示：Please Input name and scores
输入 Betty,81,94,93<回车>
输出：Peter:Total Score is 250
　　Betty:Total Score is 268

8.3.3 结构体数组的指针

结构体数组的指针就是结构体数组存储区域的首地址。可以用结构体类型的指针变量指向该地址。例如执行语句：

```
struct student
{
    char number[6];
    char name[20];
    char sex;
```

```
        int age;
        int score;
    }s[5],*p=s;
```

指针变量 p 指向结构体数组 s[]的首地址。假设数组 s[]从地址为 2000H 的内存单元开始存放，由定义可知，每个结构体数组元素占 31B，如图 8-3 所示。

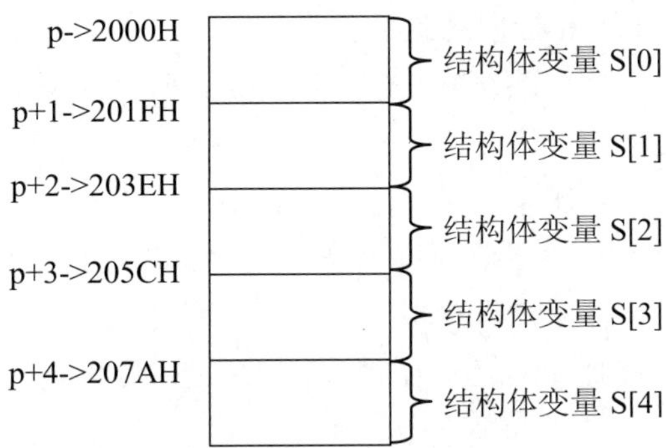

图 8-3　指向结构体数组的指针变量

由图 8-3 可知，如果指针变量 p 指向结构体数组 s[]的首地址，则 p+i 就指向 s[i]。

【实例 8-6】使用指针变量实现实例 8-5 的功能。

程序代码如下：

```
#include<stdio.h>
main()
{
    int i;
    struct score
    {
        int score1;
        int score2;
        int score3;
    };
    struct student
    {
        char name[10];
        char sex;
        int age;
        struct score stscore;
    }s[2],*p=s;
    for(i=0;i<2;i++)
    {
        printf("Please Input name and scores\n");
        scanf("%s",(p+i) ->name);
        scanf("%d",&( (p+i) -> stscore. score1));
        scanf("%d",&( (p+i) -> stscore. score2));
        scanf("%d",&( (p+i) -> stscore. score3));
```

```
    }
    for(p=s;p<s+2;p++)
    printf("%s:Total Score is %d\n",p->name,( p->stscore. score1+p->stscore. score2+
            p->stscore. score3));
}
```

程序说明：第 17 行，定义结构体类型 student，同时定义 student 类型的数组 s[]和指向该数组的指针变量 p，并使 p 指向结构体类型 student 的数组 s[]；第 21～24 行，通过指针变量 p 访问结构体成员，其中形如“(p+i)”及“&((p+i) -> stscore.score2)”处的括号不可少。

8.3.4 结构体与函数

结构体变量、结构体成员和结构体类型的指针变量都能够作为形参或实参参与函数的调用。在函数调用过程中，遵循和基本数据类型变量相同的规则。

【实例 8-7】通过结构体变量参与函数调用实现实例 8-5 的功能。

程序代码如下：

```
struct score
{
    int score1;
    int score2;
    int score3;
};
struct student
{
    char name[10];
    char sex;
    int age;
    struct score stscore;
};
int total(struct student stud);
main()
{
    int i;
    struct student s[2];
    for(i=0;i<2;i++)
    {
        printf("Please Input name and scores\n");
        scanf("%s",s[i].name);
        scanf("%d",&s[i]. stscore. score1);
        scanf("%d",&s[i]. stscore. score2);
        scanf("%d",&s[i]. stscore. score3);
    }
    for(i=0;i<2;i++)
        printf("%s:Total Score is %d\n",s[i].name,total(s[i]));
    }
    int total(struct student stud)
```

```
    {
return(stud. stscore. score1+ stud. stscore. score2+ stud. stscore. score3);
    }
```

程序说明：第 1～13 行，结构体类型 score 和 student 的定义，由于函数 total()用到 student 类型，所以必须在函数外部定义，将结构体类型 score 和 student 定义为全局的；第 14 行，函数 total()声明，由于函数 total()的形参是 student 类型的，所以其函数声明应当放在结构体类型 score 和 student 的定义之后；第 28 行，在 printf()函数中调用 total()函数，调用时的实参 s[i]是 student 类型的结构体变量，与 total()的形参类型是一致的，结构体变量作为参数参与函数调用是合法的，但参与函数运算的是结构体变量成员；第 30～33 行，定义函数 total()，用于计算结构体变量的三部分成绩的和。

8.4　小型案例

8.4.1　案例一　统计学生平均成绩

编程计算一组学生的平均成绩。已知该组学生信息包括学号、姓名、成绩三部分。

其数据格式如下：

102401　Wang Ping　45

102402　Huang Hao　90.5

102403　Zhao Mei　80.5

程序代码如下：

```
struct student
{
    long num;
    char name[20];
    float score;
}stu[3]={{ 102401,"Wang Ping",45},
{102402,"Huang Hao",90.5},
{102403,"Zhao Mei",80.5}
};
main()
{
    struct student *ptr;
    void ave(struct student *ptr);
    ptr=stu;
    ave(ptr);
    }
    void ave(struct student *ptr)
    {
        int i;
        float ave,sum=0;
        for(i=0;i<3;i++,ptr++)
```

```
        sum+=ptr->score;
        ave=sum/3;
    printf("average=%.2f\n",ave);
}
```

运行结果：

```
average=72.00
```

归纳分析：此程序中定义了函数 ave()，其形参为结构体指针变量 ptr，stu[]被定义为外部结构体数组，因此在整个源程序中有效。在 main()函数中定义说明了结构体指针变量 ptr，并把 stu[]的首地址赋予它，使 ptr 指向 stu[]数组，然后以 ptr 作实参调用函数 ave()。在函数 ave()中完成计算平均成绩的工作并输出结果。由于本程序全部采用指针变量进行运算和处理，因此速度更快，程序效率更高。

8.4.2 案例二 搜索学生信息

从键盘输入学生学号，经搜索后输出该学生信息。已知一组学生的信息包括学号、姓名、性别、年龄、成绩五部分。

其数据格式如下：

00001 Peter m 19 254

00002 Betty f 18 289

程序代码如下：

```
#include<string.h>
struct student
{
    char number[6];
    char name[20];
    char sex;
    int age;
    int score;
};
struct student *search(struct student *pp,int n,char *str);
main()
{
    struct student s[2]={{"00001","Peter",'m',19,254},
    {"00002","Betty",'f',18,289}},*p;
      char num[6];
    printf("Please Input the Number of Student:\n");
    scanf("%s",num);
    p=search(s,2,num);
    if(p!=NULL)
        printf("%s,%s,%c,%d,%d\n",p->number,p->name,p->sex,p->age,p->score);
    else
    printf("No Such A Student!\n");
}
struct student *search(struct student *pp,int n,char *str)
```

```
{
    int i;
    for(i=0;i<n;i++)
        if(strcmp(((pp+i) ->number),str)==0)
        return(pp+i);
    else
        if(i==n-1)
        return(NULL);
}
```

运行结果：

第一次运行：

显示：Please Input the Number of Student:
输入：00002<回车>
显示：00002,Betty,f ,18,289

第二次运行：

显示：Please Input the Number of Student:
输入：00003<回车>
显示：No Such A Student!

归纳分析：第 2～9 行，结构体类型 student 的定义，由于函数 search()用到 student 类型，所以将结构体类型 student 定义为全局的；第 10 行，函数 search()声明，由于调用后返回指向 student 类型的指针，因此将 search()定义为 student 类型的指针函数；第 18 行，调用函数 search()，第一个实参为 student 类型的结构体数组名 s，也就是结构体数组 s[]的指针，第二个实参为结构体数组 s[]的元素个数，第三个实参为字符串指针，该字符串为从键盘输入的待搜索的学生学号；第 25～34 行，定义函数 search()，函数的第一个形参为 student 类型的指针变量，用于接收结构体数组的指针，第二个形参为整数，用于接收结构体数组的元素个数，第三个形参为字符型指针变量，用于接收字符串的指针；第 28～33 行，结构体指针变量 pp 指向结构体数组中的元素是 s[i]，通过 strcmp()函数将其 number[]成员与被搜索的学生学号比较，若相等，则返回指针变量 pp 的当前指向，否则，若 pp 尚未指向结构体数组中的末元素，则使 pp 指向下一个元素继续搜索，否则就说明搜索的学生不存在，返回空指针 NULL。

8.5　本章小结

本章首先介绍结构体类型的概念，然后讲解结构体变量的定义、引用和应用，最后通过案例来综合运用结构体知识以解决实际问题。

8.6　习题

1．参考实例 8-2 中的结构体类型，编程输出每个学生的平均成绩。

2．使用结构体数组编程，计算一组学生的平均成绩。已知该组学生的信息包括学号、姓名、成绩三部分。

其数据格式如下：

101 Wang Ping 80.5

102 Huang Hao 90

103 Xue Ping 70.5

104 Zhao Mei 75

105 Jia Ming 62.5

3．用结构体指针变量输出一组学生的信息。已知该组学生的信息包括学号、姓名、成绩三部分。

其数据格式如下：

102401 Wang Ping 45

102402 Huang Hao 90.5

102403 Zhao Mei 80.5

4．定义一个结构体类型，成员包括年、月、日。输入日期，显示该日在本年中是第几天（注意闰年问题，闰年满足：其年份能被 4 整除，同时不能被 100 整除，或其年份能被 400 整除）。

5．有 5 个学生，每个学生的数据包括学号、姓名、5 门课程的成绩，从键盘输入相应的数据，输出总成绩最高和最低的学生学号、姓名和总成绩。

第 9 章　文件

本章要点

本章主要讲述文件的概念、文件的打开与关闭、文件的输入输出，通过案例和习题练习来熟练掌握文件的应用。

学习目标

- 掌握文件与文件指针的概念。
- 掌握文件打开、文件关闭、文件读写等基本文件操作。

9.1　文件概述

9.1.1　文件的概念

C 语言中的文件是指存储在外部介质（如磁盘等）上的数据的集合，是按字节顺序排列的数据序列。这个数据集有一个名称，叫做文件名。实际上，在前面各章中我们已经多次使用了文件，例如源程序文件、目标文件、可执行文件、头文件等。文件通常是驻留在外部介质（如磁盘等）上的，在使用时才调入到内存中。从不同的角度可以对文件进行不同的分类。从用户的角度看，文件可分为普通文件和设备文件两种。

普通文件是指驻留在磁盘或其他外部介质上的一个有序数据集，可以分为程序文件和数据文件。程序文件是由若干条指令语句组成的，数据文件则是由程序要操作的数据组成的，所以数据文件是程序要操作的对象，即程序运行时需要输入或输出的数据。

设备文件是指与主机相连的各种外部设备，如显示器、打印机、键盘等。在操作系统中，把外部设备也看作是一个文件来进行管理，把它们的输入和输出等同于对磁盘文件的读和写。通常把显示器定义为标准输出文件，一般情况下在屏幕上显示有关信息就是向标准输出文件输出。如前面经常使用的 printf()、putchar()函数就是这类输出。键盘通常被指定为标准的输入文件，从键盘上输入就意味着从标准输入文件上输入数据，scanf()、getchar()函数就属于这类输入。

从文件编码的方式来看，文件可分为 ASCII 码文件和二进制码文件两种。ASCII 码文件又称文本文件，常用于存储需要浏览、编辑和修改的 txt 文件或源程序文件，而可执行文件、声音文件或图形图像文件则以二进制文件存储。C 系统在处理这些文件时，并不区分类型，都看成是字符流，按字节进行处理。输入输出字符流的开始和结束只由程序控制而不受物理符号（如回车符）的控制，因此也把这种文件称为“流式文件”。

9.1.2 文件指针

在C语言中用一个指针变量指向一个文件，这个指针称为文件指针。通过文件指针就可以对它所指向的文件进行各种操作。

定义说明文件指针的一般形式为：

FILE *指针变量标识符;

其中 FILE 应为大写，它实际上是由系统定义的一个结构，该结构中含有文件名、文件状态和文件当前位置等信息。在编写源程序时不必关心 FILE 结构的细节。例如，FILE *fp;表示 fp 是指向 FILE 结构的指针变量，通过 fp 即可找到存放某个文件信息的结构变量，然后按结构变量提供的信息找到该文件，实施对文件的操作。习惯上也笼统地把 fp 称为指向一个文件的指针。

9.2 文件的打开与关闭

在对某个文件进行读、写操作之前，首先应该“打开”该文件，使用完毕要“关闭”该文件。所谓打开文件，实际上是建立文件的各种相关信息，并使文件指针指向该文件，以便进行其他操作。关闭文件则断开指针与文件之间的联系，也就是禁止再对该文件进行操作。为此，C 语言系统中提供了两个库函数 fopen()和 fclose()来完成文件的打开和关闭。

9.2.1 文件打开函数

fopen()函数用来打开一个文件，调用的一般形式为：

文件指针名=fopen(文件名,使用文件方式);

其中，“文件指针名”必须是被说明为 FILE 类型的指针变量，“文件名”是被打开文件的文件名，“使用文件方式”是指文件的类型和操作要求，可以通过参数指定，各参数含义见表 9.1。

表 9.1 fopen()函数中“使用文件方式”参数的含义及功能

参数	含义	功能
r	只读	打开一个文本文件，只允许读数据
w	只写	打开或建立一个文本文件，只允许写数据
a	追加	打开一个文本文件，并在文件末尾写数据
rb	只读	打开一个二进制文件，只允许读数据
wb	只写	打开或建立一个二进制文件，只允许写数据
ab	追加	打开一个二进制文件，并在文件末尾写数据
r+	读写	打开一个文本文件，允许读和写
w+	读写	打开或建立一个文本文件，允许读写
a+	读写	打开一个文本文件，允许读或在文件末追加数据

续表

参数	含义	功能
rb+	读写	打开一个二进制文件，允许读和写
wb+	读写	打开或建立一个二进制文件，允许读和写
ab+	读写	打开一个二进制文件，允许读或在文件末追加数据

例如：

```
FILE *fp;
fp=("a","r");
```

其意义是在当前目录下打开文件 a，只允许进行“读”操作，并使 fp 指向该文件。

又如：

```
FILE *fphzk;
fphzk=("c:\\hzk16',"rb")
```

其意义是打开 C 驱动器磁盘根目录下的文件 hzk16，这是一个二进制文件，只允许按二进制方式进行读操作。两个反斜线“\”中的第一个表示转义字符，第二个表示根目录。

对于文件使用方式有以下几点说明：

（1）文件使用方式由 r、w、a、t、b、+六个字符拼成，各字符的含义如下：

- r（read）：读。
- w（write）：写。
- a（append）：追加。
- t（text）：文本文件，可以省略不写。
- b（banary）：二进制文件。
- +：读和写。

（2）凡用“r”打开一个文件时，该文件必须已经存在，且只能从该文件读出。

（3）用“w”打开的文件只能向其中写入。若打开的文件不存在，则以指定的文件名建立该文件；若打开的文件已经存在，则将该文件删去，重建一个新文件。

（4）如果要向一个已经存在的文件追加新的信息，只能用“a”方式打开文件，但此时该文件必须是存在的，否则将会出错。

（5）在打开一个文件时，如果出错，fopen()将返回一个空指针值 NULL。在程序中可以用这一信息来判别是否完成打开文件的工作，并进行相应的处理。因此，常用以下程序段打开文件：

```
if((fp=fopen("c:\hzk16","rb")==NULL)
{
    printf("error on open c:\hzk16 file!");
    getch();
    exit(1);
}
```

这段程序的意义是，如果返回的指针为空，表示不能打开 C 盘根目录下的 hzk16 文件，则给出提示信息“error on open c: hzk16 file!”，下一行 getch()的功能是从键盘输入一个字符，但不在屏幕上显示。在这里，该行的作用是等待，只有当用户在键盘上敲任一键时，程序才继续执行，因此用户可以利用这个等待时间阅读出错提示，敲键后执行 exit(1)退出程序。

（6）把一个文本文件读入内存时，要将 ASCII 码转换成二进制码，而把文件以文本方式写入磁盘时也要把二进制码转换成 ASCII 码，因此文本文件的读写要花费较多的转换时间，而对二进制文件的读写不存在这种转换。

（7）标准输入文件（键盘）、标准输出文件（显示器）、标准出错输出（出错信息）是由系统打开的，可以直接使用。文件一旦使用完毕，应用关闭文件函数 fclose()把文件关闭，以避免文件的数据丢失等错误发生。

【实例 9-1】试编写一程序，从键盘接收一个文本文件名，然后将该文件以读写方式打开。若打不开该文件，请给出信息。

程序代码如下：

```
#include"stdio.h"
main()
{
    FILE *fp;
    char tn[13];
    printf("请输入一个文本文件名：");
    scanf("%s",tn);
    if((fp=fopen(tn,"r+"))==NULL)
    {
        printf("不能打开%s 文件!\n",tn);
        getch();
        exit(1);
    }
}
```

运行结果：

请输入一个文本文件名：a.txt↙（从键盘输入文件名 a.txt 并按 Enter 键）

9.2.2 文件关闭函数

当读写操作完毕后，必须用 fclose()函数关闭所打开的文件，以确保文件的完整性。

调用的一般形式为：

```
fclose(文件指针);
```

例如将实例 9-1 中打开的文件关闭，语句为：

```
fclose(fp);
```

即将文件指针 fp 所指向的文件关闭了。

注意，该函数也有返回值。当成功完成关闭文件操作时，fclose()函数返回值为 0，如返回非 0 值则表示有错误发生。

9.3 文件的输入与输出

能将磁盘上的某个（数据）文件作为输入读进来，还能将其作为输出写出去，这就是文件的输入与输出，又称为文件的读、写操作。

C 语言中的读写操作是如何进行的呢？从表面形式上看，是按照数据流进行的，即输出（写出）时系统不添加任何信息，输入（读入）时逐一读入数据，直到遇到 EOF 或文件结束标志。实际进行过程中，系统一般是要为输入输出文件开辟缓冲区。所谓“缓冲区”，是系统在内存中为各文件开辟的一片存储区域。当对文件进行输出时，系统首先把要输出的数据填入为该文件开辟的缓冲区内，每当缓冲区被填满时，就把缓冲区中的内容一次性地输出到对应文件中。当从某文件输入数据时，首先将从输入文件中输入的一批数据存入到该文件的缓冲区中，然后才输入数据到指定文件中。

文件的输入输出方式即存取方式一般有两种：顺序存取方式和直接（随机）存取方式。

顺序存取方式的特点是每当“打开”这类文件进行读写操作时，总是从文件头开始，从头到尾顺序读/写。如要读第 n 个字节时，要先读第 n-1 个字节，而不能一开始就读第 n 个字节。而随机存取方式可以通过 C 语言的库函数去指定开始读/写的字节号，然后直接对此位置上的数据进行读/写操作。不管顺序存取还是随机存取，首先都要找到需要存取数据的文件。要找到某文件就是要得到某文件存储区域的首地址（字节号）。地址就是指针，为此 C 语言中提供了文件指针，以便对文件进行操作。

文件打开后，就应该进行读写操作了，即输入输出操作。C 语言中提供了丰富的输入输出函数，在使用这些函数前必须通过“#include”命令将头文件 stdio.h 包含进来。

9.3.1　字符读写函数

字符读写函数是以字符（字节）为单位的读写函数，每次可以从文件读出或向文件写入一个字符。

1. 读字符函数 fgetc()

功能：从指定的文件中读出一个字符，即从磁盘文件中接收一个字符。

函数调用形式：字符变量=fgetc(文件指针);

例如：ch=fgetc(fp);

其意义是从打开的文件 fp 中读取一个字符赋给字符变量 ch。如果调用成功，将返回读入的字符，否则返回非 0 值。

对于 fgetc()函数的使用有以下几点说明：

（1）在 fgetc()函数调用中，读取的文件必须是以读或读写方式打开的。

（2）读取字符的结果也可以不向字符变量赋值，例如 fgetc(fp);，但是读出的字符不能保存。

（3）在文件内部有一个位置指针，用来指向文件的当前读写字节。在文件打开时，该指针总是指向文件的第一个字节。使用 fgetc()函数后，该位置指针将向后移动一个字节。因此可以连续多次使用 fgetc()函数读取多个字符。应该注意文件指针和文件内部的位置指针不是一回事。文件指针是指向整个文件的，必须在程序中定义说明，只要不重新赋值，文件指针的值是不变的。文件内部的位置指针用以指示文件内部的当前读写位置，每读写一次，该指针均向后移动，它不需要在程序中定义说明，而是由系统自动设置的。

【实例 9-2】读入文件 e9-2.c，在屏幕上输出。

程序代码如下：

```
#include<stdio.h>
main()
{
    FILE *fp;
    char ch;
    if((fp=fopen("e9-2.c","rt"))==NULL)
    {
        printf("Cannot open file strike any key exit!");
        getch();
        exit(1);
    }
    ch=fgetc(fp);
    while (ch != EOF)
    {
        putchar(ch);
        ch=fgetc(fp);
    }
    fclose(fp);
}
```

本例程序的功能是从文件中逐个读取字符，在屏幕上显示。

程序定义了文件指针 fp，以读文本文件方式打开文件 e9-2.c，并使 fp 指向该文件。如打开文件出错，会给出提示并退出程序。程序第 12 行先读出一个字符，然后进入循环，只要读出的字符不是文件结束标志（每个文件末有一结束标志 EOF）就把该字符显示在屏幕上，再读入下一字符。每读一次，文件内部的位置指针向后移动一个字符，文件结束时该指针指向 EOF，执行本程序将显示整个文件。

2. 写字符函数 fputc()

功能：把一个字符写入指定的文件中。

函数调用形式：fputc(字符量,文件指针);

其中，待写入的字符量可以是字符常量或变量。

例如：fputc('a',fp);

其意义是把字符 a 写入 fp 所指向的文件中。

对于 fputc()函数的使用也要说明以下几点：

（1）被写入的文件可以用写、读写、追加方式打开，用写或读写方式打开一个已经存在的文件时将清除原有的文件内容，写入字符从文件首开始。如需保留原有文件内容，希望写入的字符从文件末开始存放，则必须以追加方式打开文件。被写入的文件若不存在，则创建该文件。

（2）每写入一个字符，文件内部位置指针向后移动一个字节。

（3）fputc()函数有一个返回值，如果写入成功则返回写入的字符，否则返回一个 EOF。可用此来判断写入是否成功。

【实例 9-3】从键盘输入一行字符，写入一个文件，再把该文件内容读出显示在屏幕上。

程序代码如下：

```
#include<stdio.h>
main()
{
    FILE *fp;
    char ch;
    if((fp=fopen("string","wt+"))==NULL)
    {
        printf("Cannot open file strike any key exit!");
        getch();
        exit(1);
    }
    printf("input a string:");
    ch=getchar();
    while (ch!=")
    {
        fputc(ch,fp);
        ch=getchar();
    }
    rewind(fp);
    ch=fgetc(fp);
    while(ch!=EOF)
    {
        putchar(ch);
        ch=fgetc(fp);
    }
    printf("");
    fclose(fp);
}
```

程序说明：程序中第 6 行以读写文本文件方式打开文件 string；程序第 13 行从键盘读入一个字符后进入循环，当读入字符不为回车符时把该字符写入文件之中，然后继续从键盘读入下一字符；每输入一个字符，文件内部位置指针向后移动一个字节，写入完毕，该指针已经指向文件末。如要把文件从头读出，须把指针移向文件头，程序第 19 行 rewind() 函数用于把 fp 所指文件的内部位置指针移到文件头；第 20～25 行用于读出文件中的一行内容。

9.3.2　字符串读写函数

1．读字符串函数 fgets()

功能：从指定的文件中读一个字符串到字符数组中。

函数调用形式：fgets(字符数组名,n,文件指针);

其中的 n 是一个正整数，表示从文件中读出的字符串不超过 n-1 个字符。在读入的最后一个字符后加上串结束标志'\0'。

例如：fgets(str,n,fp);

其意义是从 fp 所指向的文件中读出 n-1 个字符送入字符数组 str 中。

对 fgets()函数有以下两点说明：

（1）在读出 n-1 个字符之前，如遇到了换行符或 EOF，则读出结束。

（2）fgets()函数也有返回值，其返回值是字符数组的首地址。

【实例 9-4】从 e9-2.c 文件中读入一个含 10 个字符的字符串。

程序代码如下：

```
#include<stdio.h>
main()
{
    FILE *fp;
    char str[11];
    if((fp=fopen("e9-2.c","rt"))==NULL)
    {
        printf("Cannot open file strike any key exit!");
        getch();
        exit(1);
    }
    fgets(str,11,fp);
    printf("%s",str);
    fclose(fp);
}
```

程序说明：本例定义了一个字符数组 str 共 11 个字节，在以读文本文件方式打开文件 e9-2.c 后，从中读出 10 个字符送入 str 数组，在数组最后一个单元内将加上'\0'，然后在屏幕上显示输出 str 数组。输出的 10 个字符正是实例 9-2 程序的前 10 个字符。

2. 写字符串函数 fputs()

功能：向指定的文件写入一个字符串。

函数调用形式：fputs(字符串,文件指针);

其中字符串可以是字符串常量，也可以是字符数组名或指针变量。

例如：fputs("abcd",fp);

其意义是把字符串“abcd”写入 fp 所指向的文件之中。

【实例 9-5】在实例 9-3 建立的文件 string 中追加一个字符串。

程序代码如下：

```
#include<stdio.h>
main()
{
    FILE *fp;
    char ch,st[20];
    if((fp=fopen("string","at+"))==NULL)
    {
        printf("Cannot open file strike any key exit!");
        getch();
```

```
        exit(1);
    }
    printf("input a string:");
    scanf("%s",st);
    fputs(st,fp);
    rewind(fp);
    ch=fgetc(fp);
    while(ch!=EOF)
    {
        putchar(ch);
        ch=fgetc(fp);
    }
    printf("");
    fclose(fp);
}
```

程序说明：本例要求在 string 文件末加写字符串，因此在程序第 6 行以追加读写文本文件的方式打开文件 string，然后输入字符串，并用 fputs()函数把该字符串写入文件 string；在程序第 15 行用 rewind()函数把文件内部位置指针移到文件首，再进入循环逐个显示当前文件中的全部内容。

9.3.3 数据块读写函数

C 语言还提供了用于整块数据的读写函数，可以用来读写一组数据，如一个数组元素、一个结构变量的值等。

读数据块函数调用的一般形式：fread(buffer,size,count,fp);

写数据块函数调用的一般形式：fwrite(buffer,size,count,fp);

其中 buffer 是一个指针，在 fread()函数中，它表示存放输入数据的首地址，在 fwrite()函数中，它表示存放输出数据的首地址；size 表示数据块的字节数；count 表示要读写的数据块块数；fp 表示文件指针。

例如：fread(fa,4,5,fp);

其意义是从 fp 所指向的文件中，每次读 4 个字节（一个实数）送入实数组 fa 中，连续读 5 次，即读 5 个实数到 fa 中。

【实例 9-6】从键盘输入两个学生的数据，写入一个文件中，再读出这两个学生的数据显示在屏幕上。

程序代码如下：

```
#include<stdio.h>
struct stu
{
    char name[10];
    int num;
    int age;
    char addr[15];
}boya[2],boyb[2],*pp,*qq;
```

```
main()
{
    FILE *fp;
    char ch;
    int i;
    pp=boya;
    qq=boyb;
    if((fp=fopen("stu_list","wb+"))==NULL)
    {
        printf("Cannot open file strike any key exit!");
        getch();
        exit(1);
    }
    printf("input data");
    for(i=0;i<2;i++,pp++)
    scanf("%s%d%d%s",pp->name,&pp->num,&pp->age,pp->addr);
    pp=boya;
    fwrite(pp,sizeof(struct stu),2,fp);
    rewind(fp);
    fread(qq,sizeof(struct stu),2,fp);
    printf("name number age addr");
    for(i=0;i<2;i++,qq++)
    printf("%s %5d%7d%s",qq->name,qq->num,qq->age,qq->addr);
    fclose(fp);
}
```

程序说明：本例程序定义了一个结构 stu，说明了两个结构数组 boya 和 boyb 以及两个结构指针变量 pp 和 qq，pp 指向 boya，qq 指向 boyb；程序第 16 行以读写方式打开二进制文件 stu_list，输入两个学生数据之后写入该文件中，然后把文件内部位置指针移到文件首，读出两个学生数据后在屏幕上显示。

9.3.4 格式化读写函数

fscanf()函数和 fprintf()函数与前面使用的 scanf()函数和 printf()函数的功能相似，都是格式化读写函数，两者的区别在于 fscanf()函数和 fprintf()函数的读写对象不是键盘和显示器，而是磁盘文件。

格式化读函数的调用格式：fscanf(文件指针,格式字符串,输入表列);

格式化写函数的调用格式：fprintf(文件指针,格式字符串,输出表列);

例如：

```
fscanf(fp,"%d%s",&i,s);
fprintf(fp,"%d%c",j,ch);
```

【实例 9-7】使用格式化读写函数实现实例 9-6。

程序代码如下：

```
#include<stdio.h>
struct stu
```

```
{
    char name[10];
    int num;
    int age;
    char addr[15];
}boya[2],boyb[2],*pp,*qq;
main()
{
    FILE *fp;
    char ch;
    int i;
    pp=boya;
    qq=boyb;
    if((fp=fopen("stu_list","wb+"))==NULL)
    {
        printf("Cannot open file strike any key exit!");
        getch();
        exit(1);
    }
    printf("input data");
    for(i=0;i<2;i++,pp++)
    scanf("%s%d%d%s",pp->name,&pp->num,&pp->age,pp->addr);
    pp=boya;
    for(i=0;i<2;i++,pp++)
    fprintf(fp,"%s %d %d %s",pp->name,pp->num,pp->age,pp->addr);
    rewind(fp);
    for(i=0;i<2;i++,qq++)
    fscanf(fp,"%s %d %d %s",qq->name,&qq->num,&qq->age,qq->addr);
    printf("name number age addr");
    qq=boyb;
    for(i=0;i<2;i++,qq++)
    printf("%s %5d %7d %s",qq->name,qq->num,qq->age,qq->addr);
    fclose(fp);
}
```

程序说明：本程序中 fscanf()函数和 fprintf()函数每次只能读写一个结构数组元素，因此采用了循环语句来读写全部数组元素；还要注意指针变量 pp、qq 由于循环改变了它们的值，因此在程序的第 25 和第 32 行分别对它们重新赋予了数组的首地址。

9.3.5　文件的随机读写

前面介绍的对文件的读写方式都是顺序读写，即读写文件只能从头开始顺序读写各个数据，但在实际问题中常要求只读写文件中某一指定的部分。为了解决这个问题可移动文件内部的位置指针到需要读写的位置，再进行读写，这种读写称为随机读写。实现随机读写的关键是要按要求移动位置指针，这称为文件定位。

文件定位移动文件内部位置指针的函数主要有两个：rewind()函数和 fseek()函数。

rewind()函数前面已经多次使用过，其调用形式为：rewind(文件指针);，功能是把文件内部的位置指针移到文件首。

下面主要介绍 fseek()函数。

功能：用来移动文件内部位置指针。

函数调用形式：fseek(文件指针,位移量,起始点);

其中，“文件指针”指向被移动的文件；“位移量”表示移动的字节数，要求位移量是 long 型数据，以便在文件长度大于 64KB 时不会出错，当用常量表示位移量时，要求加后缀“L”；“起始点”表示从何处开始计算位移量，规定的起始点有 3 种：文件首、当前位置和文件尾，其表示方法见表 9.2。

表 9.2 “起始点”表示方法

起始点	表示符号	数字表示
文件首	SEEK—SET	0
当前位置	SEEK—CUR	1
文件尾	SEEK—END	2

例如：fseek(fp,100L,0);

其意义是把位置指针移到离文件首 100 个字节处。还要说明的是 fseek()函数一般用于二进制文件。在文本文件中由于要进行转换，因此往往计算的位置会出现错误。文件的随机读写在移动位置指针之后即可用前面介绍的任一种读写函数进行读写。由于一般是读写一个数据块，因此常用 fread()函数和 fwrite()函数。

【实例 9-8】在学生文件 stu_ list 中读出第二个学生的数据。

程序代码如下：

```
#include<stdio.h>
struct stu
{
    char name[10];
    int num;
    int age;
    char addr[15];
}boy,*qq;
main()
{
    FILE *fp;
    char ch;
    int i=1;
    qq=&boy;
    if((fp=fopen("stu_list","rb"))==NULL)
    {
        printf("Cannot open file strike any key exit!");
        getch();
```

```
        exit(1);
    }
    rewind(fp);
    fseek(fp,i*sizeof(struct stu),0);
    fread(qq,sizeof(struct stu),1,fp);
    printf("name number age addr");
    printf("%s %5d %7d %s",qq->name,qq->num,qq->age,qq->addr);
}
```

程序说明：本程序用随机读出的方法读出第二个学生的数据，程序中定义 boy 为 stu 类型变量，qq 为指向 boy 的指针；以读二进制文件方式打开文件，程序第 22 行移动文件位置指针，其中的 i 值为 1，表示从文件头开始移动一个 stu 类型的长度，然后再读出的数据即为第二个学生的数据。

9.3.6　文件检测函数

C 语言中常用的文件检测函数有以下几个：

（1）文件结束检测函数 feof()函数。

功能：判断文件是否处于文件结束位置，如文件结束，返回值为 1，否则为 0。

函数调用形式：feof(文件指针);

（2）读写文件出错检测函数 ferror()函数。

功能：检查文件在用各种输入输出函数进行读写时是否出错，如 ferror()返回值为 0 表示未出错，否则表示出错。

函数调用形式：ferror(文件指针);

（3）文件出错标志和文件结束标志置 0 函数 clearerr()函数。

功能：用于清除出错标志和文件结束标志，使它们为 0 值。

函数调用形式：clearerr(文件指针);

9.4　小型案例

9.4.1　案例一　修改员工信息

根据员工姓名随机修改员工的住址和门牌号。已知文件 home.dat 中记录有某公司若干名员工的姓名、住址和门牌号。

其数据格式如下：

张红　西城　68

王力　东城　37

李一　海淀　44

……

程序代码如下：

```
#include<stdio.h>
```

```
#include<string.h>
main()
{
    FILE *fp;
    char nam1[10],nam2[10],add2[10];
    int num2,fla=0;
    if((fp=fopen("home.dat","r+"))==NULL)            /*以读写方式打开文件*/
    {
        printf("不能打开 home.dat 文件！\n");
    exit(0);
    }
    printf("请输入员工的姓名：");
    scanf("%s",nam1);
    while(!feof(fp))
    {
        fscanf(fp,"%s%s%d\n",nam2,add2,&num2);
        if(strcmp(nam1,nam2)==0)                /*比较读出姓名与输入姓名是否相同*/
        {
            printf("请输入要修改的住址和门牌号：");
            scanf("%s%d",add2,&num2);
            fseek(fp,-9L,1);                    /*位置指针往回移动至该员工的住址处*/
            fprintf(fp,"%s%2d",add2,num2);      /*写入新的住址和门牌号*/
            fla=1;
            break;
        }
    }
    if(fla==0)printf("没有这名员工！");
    fclose(fp);
}
```

运行结果：

请输入员工的姓名：王力↙（从键盘输入“王力”并按 Enter 键）
请输入要修改的住址和门牌号：海淀 11↙

归纳分析：在程序中用到的数据文件 home.dat 是事先建立好的，方法可参见实例 9-6 或实例 9-7。本程序中有一点要特别注意，即位置指针的移动问题。这里依据“姓名”找到要修改的数据后，位置指针已经移到下一条数据的开始处，要修改本条语句内容就必须进行位置指针的回移，可以由 fseek()函数完成。回移多少字节，需要周密计算。以本题为例，这里需要回移到“王力”的住址“东城”处，该住址占 4 个字节，其后的门牌号“37”占 2 个字节，作为间隔符的空格又占了 1 个空格，但还需要特别注意的是每行末尾的回车符也要占用 2 个字节。所以，这里位置指针共需要回移 9 个字节。

9.4.2 案例二 创建学员成绩登记册

试用结构类型数据创建一个某组学员学科成绩登记册的数据文件（sc1.dat）。已知成绩登记册中的数据包括学号、姓名、语文成绩、数学成绩、体育成绩。要求：成绩可以从键盘上输入，输入结束后还需自动创建一个仅有单科成绩，如“体育成绩”的单科成绩数据文件（pe.dat），两个文件 sc1.dat 和 pe.dat 都需要在屏幕上显示。

程序代码如下：

```
#include<stdio.h>
#define N 3
struct sco
{
    char num[6];
    char nam[8];
    int chs;
    int mas;
    int pes;
}stu[N];
struct sc
{
    char na [8];
    int pe;
}st1s[N];
main()
{
    FILE *f,*f1;
    int i,j;
    printf("\n 请输入学号、姓名、语文成绩、数学成绩和体育成绩：\n");
    for(i=0;i<N;i++)                    /*循环输入多科成绩等数据*/
    scanf ("%s%s%d%d d",stu[i].num,stu[i].nam,&stu[i].chs,&stu[i].mas,&stu[i].pes);
    f=fopen("sc1.dat","w+");
    for(i=0;i<N;i++)
    fwrite(&stu[i],sizeof(struct sco),1,f);
    rewind(f);                          /*将位置指针回位到文件头*/
    printf("\n\n            多科成绩登记册\n");
    printf(" 学号  姓名  语文成绩  数学成绩  体育成绩\n");
    for(i=0;fread(&stu[i],sizeof(struct sco),1,f)!=0;i++)
    {
        printf("\n%5s %8s %7d %8d %8d ",stu[i].num,stu[i].nam,stu[i].chs,stu[i].mas,stu[i].pes);
        strcpy(st1s[i].na,stu[i].nam);  /*复制姓名*/
        st1s[i].pe=stu[i].pes;
    }
    printf("\n            单科体育成绩\n");
        f1=fopen("pe.dat","w");
        for(j=0;j<i;j++)                /*循环写入及显示姓名、单科体育成绩*/
        {
            fwrite(&st1[j],sizeof(struct sc),1,f1);
            printf("\n\n%10s%7d",st1s[j].na,st1s[j].pe);
        }
    fclose(f);
    fclose(f1);
}
```

运行结果：

请输入学号、姓名、语文成绩、数学成绩和体育成绩：
1 王军 88 78 5
2 李良 89 94 4
3 赵赢 92 99 5

多科成绩登记册

学号	姓名	语文成绩	数学成绩	体育成绩
1	王军	88	78	5
2	李良	89	94	4
3	赵赢	92	99	5

单科体育成绩

王军 5
李良 4
赵赢 5

9.5 本章小结

本章首先介绍文件的概念，然后讲解文件的打开与关闭，接下来讲解文件输入输出函数的应用，最后通过案例来综合运用文件相关知识以解决实际问题。

9.6 习题

一、填空题

1．文件是指____。

2．根据数据的组织形式，C语言中将文件分为_____________和_____________两种类型。

3．现要求以读写方式打开一个文本文件stu1，写出语句：__________________。

4．现要求将上题中打开的文件关闭掉，写出语句：______________________。

5．若要用fopen()函数打开一个新的二进制文件，该文件要既能读也能写，则打开文件方式字符串应该是__________________。

二、选择题

1．系统的标准输入文件是指（　　）。

A．键盘　　B．显示器　　C．软盘　　D．硬盘

2．若执行fopen()函数时发生错误，则函数的返回值是（　　）。

A．地址值　　B．0　　C．1　　D．EOF

3．fscanf()函数的正确调用形式是（　　）。

A．fscanf(fp,格式字符串,输出表列)

B．fscanf(格式字符串,输出表列,fp);

C．fscanf(格式字符串,文件指针,输出表列);

D．fscanf(文件指针,格式字符串,输入表列);

4．fgetc()函数的作用是从指定文件读入一个字符，该文件的打开方式必须是（　　）。

A．只写　　B．追加　　C．读或读写　　D. 选项 B 和 C 都正确

5．下列程序的功能是（　　）。

```
main(){
    FILE * fp;
    char str[]="Beijing 2008";
    fp = fopen("file2","w");
    fputs(str,fp);
    fclose(fp);
}
```

A．在屏幕上显示“Beiing 2008”

B．把“Beijing 2008”存入 file2 文件中

C．在打印机上打印出“Beiing 2008”

D．以上都不对

6．下列程序是建立一个名为 myfile 的文件，并把从键盘上输入的字符存入该文件，当键盘上输入结束时关闭该文件。请选择正确内容填空。

```
main()
{
    FILE *fp;
    char c;
    char name[10];
    fp=____(1)____("myfile",____(2)____);
    do
    {
        c=getchar();
        fputc(c,fp);
    }while(c!=EOF);
    fclose(fp);
}
```

（1）A．get　　B．fopen　　C．fclose　　D．fgetc

（2）A．"r"　　B．"r+"　　C．"wb"　　D．"w+"

三、编程题

1．编程建立一个文件，从键盘上输入一串字符到该文件，并以“$”字符作为结束标志，关闭该文件，然后重新打开该文件，从文件中读取每个字符输出到屏幕显示。

2．编写程序，从键盘上输入一行字符串，将其中的小写字母全部转换成大写字母，然后输出到一个磁盘文件“test”中保存。

3．编写程序，将某一磁盘文件中的内容全部复制到另一个指定的磁盘文件中。

4．编写程序，从键盘上输入3个学生的数据：学号、姓名、年龄和地址，将它们存入文件student中，然后再从文件中读出数据，显示在屏幕上。

5．试编写一程序，将字符串“英语成绩：”和数据92、96.6写入文件np2.dat中，然后将其读出，再求出平均成绩，并显示在屏幕上。

第 10 章　系统设计与开发

本章要点

本章主要通过熟练运用 C 语言相关知识来设计和开发三个应用系统，达到对所学知识的综合运用。

学习目标

- 掌握 C 语言的基本理论知识和编程方法。
- 通过应用系统的设计与开发掌握运用 C 语言知识来解决实际问题的方法。

10.1　通信管理系统

1. 功能描述

本程序是一个学生通信管理系统。学生数据包括学号、姓名、电话号码，程序包括的函数有主函数、输入数据函数、输出数据函数和删除数据函数。

（1）主函数：声明各子函数，通过多分支语句选择调用相应的子函数。

（2）create()函数（输入数据函数）：给数组元素赋值，把数组元素写入 fp 所指向的文件中。

（3）show()函数（输出数据函数）：以读的方式打开 fp 所指向的文件并输出数据。

（4）delete()函数（删除数据函数）：以读的方式打开 fp 所指向的文件，选择删除数据，将剩余数组元素写入 fp 所指向的文件中。

2. 参考代码

```
#include <stdio.h>
#include <string.h>
#include <stdlib.h>
#define N 100

struct student
{
	char num[10];
	char name[10];
	char tel[10];
};

void create();
```

```
void show();
void delete();

void main()              /*主函数*/
{
    int choose;
    system("CLS");
    //printf("\n\n\n\n\n\n");
    while(1)
    {
        printf(" ----------------------------------\n");
        printf(" | 请选择一个数字（0～3）：|\n");
        printf(" |--------------------------------|\n");
        printf(" | 1---创建|\n");
        printf(" | 2---显示|\n");
        printf(" | 3---删除|\n");
        printf(" | 0---退出|\n");
        printf(" |--------------------------------|\n");
        printf(" 请选择一个数字：");
        scanf("%d",&choose);
        switch(choose)
        {
            case 1:create();break;
            case 2:show();break;
            case 3:delete();break;
            case 0:exit(0);
            default: printf("输入错误！");
        }

    }
}

void create()            /*输入数据函数*/
{
    int i,n=0;
    struct student temp ,stu[N];
    FILE *fp;
    for(i=0;i<N;i++)
    {
        printf("\n 输入第 %d 个 :\n",i+1);
        printf("学号（以#结束）："); scanf("%s",&stu[i].num);
        printf("姓名（以#结束）："); scanf("%s",&stu[i].name);
        printf("电话（以#结束）："); scanf("%s",&stu[i].tel);
        if(stu[i].num[0]=='#' || stu[i].name[0]=='#' || stu[i].tel[0]=='#')
            break;
        n++;
    }
```

```
        fp=fopen("tongxun.txt","wb");
        if(fp==NULL)
        {
                printf("\n 出错！ \n");
                return;
        }
        for(i=0;i<n;i++)
                if(fwrite(&stu[i],sizeof(struct student),1,fp)!=1)
                        printf("出错！ \n");
        fclose(fp);
}

void show()                /*输出函数*/
{
        struct student temp;
        FILE *fp;
        int i,len,n;
        fp=fopen("tongxun.txt","rb");
        if(fp==NULL)
        {
                printf("\n 无法打开！ \n");
                return;
        }
        system("cls");
        printf("        学号        姓名        电话\n");
        fseek(fp,0,SEEK_END．;
        len=ftell(fp);
        n=len/sizeof(struct student);
        rewind(fp);
        for(i=0;i<n;i++)
        {
                fread(&temp,sizeof(struct student),1,fp);
                printf("%10s%10s%10s\n",temp.num ,temp.name,temp.tel);
        }
        fclose(fp);
}

void delete()              /*删除函数*/
{
        char tempnum[10];
        FILE *fp;
        int n=0;
        struct student record[N],*p,*k;
        fp=fopen("tongxun.txt","rb");
        p=record;
        while(feof(fp)==0)
```

```
    {
        fread(p,sizeof(struct student),1,fp) ;
        p++;
        n++;
    }
    fclose(fp);
    printf("\n 请输入您要删除学生的学号：");
    getchar();
    gets(tempnum);
    for(k=record;k<record+n;k++)
        if(strcmp(tempnum ,k->num)==0) break;
    if(k<record+n)
        for(p=k;p<k+n;p++)
            *p=*(p+1);
    else
        printf("\n 输入错误，没有这个人！ \n");
    fp=fopen("tongxun.txt","wb");
    if(fp==NULL)
    {
        printf("\n 无法打开！ \n");
        return;
    }
    for(p=record;p<record+n-1;p++)
        fwrite(p,sizeof(struct student),1,fp);
        fclose(fp);
}
```

10.2 评分系统

1．功能描述

对比赛的分数进行录入、计算、排序、查询、输出。程序包括的函数有主函数、菜单函数、输入函数、输出函数、计算函数、排序函数、查询函数。

（1）主函数：调用菜单函数，通过多分支语句选择调用相应的子函数。

（2）menu()函数（菜单函数）：输出菜单信息，对用户进行提示。

（3）input()函数（输入函数）：输入比赛人数和评委人数，并对各个比赛选手评分进行输入。

（4）count()函数（计算函数）：对各个比赛选手的最后得分进行计算，计算方法是去掉最高分和最低分，取平均值。

（5）print()函数（输出函数）：按序号输出各个评委给各个选手的打分和最后得分。

（6）sort()函数（排序函数）：对各个选手的最后得分进行降序排列输出。

（7）search()函数（查询函数）：根据输入编号对比赛选手的得分情况进行查询输出。

2. 参考代码

```
#include"stdio.h"
#include"stdlib.h"
#include"string.h"
#include"math.h"

struct player
{
        int num;
        int rater;
        float score[20];
        float grade;
        int rank;
} play[20];

int k,n;

void meun()                /*菜单函数*/
{
        printf("评分系统\n ");
printf("——————————————————\n ");
        printf("1. 录入分数信息\n");
        printf("2. 最后分数信息表\n");
        printf("3. 最后分数排名表\n");
        printf("4. 查询分数情况\n");
        printf("5. 退出系统\n");
      printf("——————————————————\n");
}
void input()               /*输入函数*/
{
        int i,j;
        printf("请输入比赛人数：");
        scanf("%d",&k);
        printf("请输入评委人数：");
        while(1)
        {
                scanf("%d",&n);
                if(n>2)
                        break;
                else
                        printf("评委人数必须大于 2，请重新输入。");
        }
        for(i=0;i<k;i++)
        {
                printf("\n 选手编号：%d\n",i+1);
                play[i].num=i+1;
```

```
            for(j=0;j<n;j++)
            {
                play[j].rater=j+1;
                printf("请输入%d 评委给分：",j+1);
                scanf("%f",&play[i].score[j]);
                if(play[i].score[j]<0||play[i].score[j]>10)
                {
                    printf("分数必须在 0～10 范围内，请重新输入。");
                    j--;
                }
            }
        }
}

void count()              /*计算函数*/
{
        int i,j;
        float s;
        float min,max;
        for(i=0;i<k;i++)
        {
            s=0.0;
            min=10.0;
            max=0.0;
            for(j=0;j<n;j++)
            {
                s=s+play[i].score[j];
                min=(min>=play[i].score[j])?play[i].score[j]:min;
                max=(max<=play[i].score[j])?play[i].score[j]:max;
            }
            play[i].grade=(s-min-max)/(n-2);
        }
        for(i=0;i<k;i++)
        {
            play[i].rank=1;
            {
                for(j=0;j<k;j++)
                if(play[i].grade<play[j].grade)
                    play[i].rank++;
            }
        }
}

void print()              /*输出函数*/
{
        int i,j;
```

```
        printf("\n*************选手得分表*************\n");
        for(i=0;i<k;i++)
        {
            printf("选手编号 %d",play[i].num);
            for(j=0;j<n;j++)
                printf("\t 评委%d 给分 %.2f",play[j].rater,play[i].score[j]);
            printf("\t 最后得分 %.2f\n",play[i].grade);
        }
}

void sort()                /*排序函数*/
{
        int i,j,m;
        printf("\n*************比赛选手排名表*************\n");
        for(m=1;m<=k;m++)
        {
            for(i=0;i<k;i++)
            {
                if(play[i].rank==m)
                {
                    printf("选手编号 %d",play[i].num);
                    for(j=0;j<n;j++)
                        printf("\t 评委%d 给分 %.2f",play[j].rater,play[i].score[j]);
                    printf("\t 最后得分 %.2f",play[i].grade);
                    printf("\t 名次 %d\n",play[i].rank);
                }
            }
        }
}

void search()              /*查询函数*/
{
        int a;
        int i,j;
        printf("请输入选手的编号：");
        scanf("%d",&a);
        if(a>k||a<=0)
            printf("选手编号输入错误！\n");
        else
         for(i=0;i<k;i++)
           {
             if(a==play[i].num)
             {
                 printf("选手编号 %d\t",play[i].num);
                 for(j=0;j<n;j++)
                     printf("\t 评委%d 给分 %.2f",play[j].rater,play[i].score[j]);
```

```
                    printf("\t 最后得分 %.2f",play[i].grade);
                    printf("\t 名次 %d",play[i].rank);
                }
            }
        }
        void main()              /*主函数*/
        {
            int choice;
            meun();
            printf("\n 请输入菜单号：");
            scanf("%d",&choice);
            while(1)
            {
                switch(choice)
                {
                case 1:input();count();break;
                case 2:print();break;
                case 3:sort();break;
                case 4: search();break;
                case 5: exit(0);
                default:printf("无此选项，重新选择\n");
                }
                printf("\n 请输入菜单号：");
                scanf("\n%d",&choice);
            }
        }
```

10.3 成绩管理系统

1. 功能描述

对成绩信息进行录入、计算、查找、插入、删除、输出和排序。程序包括的函数有主函数、菜单函数、输入函数、查找函数、插入函数、删除函数、输出函数和排序函数。

（1）主函数：调用菜单函数。

（2）menu()函数（菜单函数）：输出菜单提示信息并记录选项，调用相应的子函数。

（3）input()函数（输入函数）：输入学生的人数并输入个人信息和各科成绩，同时计算总分和平均分。

（4）find()函数（查找函数）：根据学生的学号或者姓名进行学生信息查找。

（5）insert()函数（插入函数）：按序号查找输出各个评委给各个选手的打分和最后得分。

（6）del()函数（删除函数）：根据学生的学号删除学生信息。

（7）output()函数（输出函数）：输出全部学生的信息。

（8）sort()函数（排序函数）：根据学生的平均成绩进行排序。

（9）error()函数（出错处理函数）：对主菜单输入错误的信息进行出错处理。

2. 参考代码

```
#include <stdio.h>
#include <string.h>
#include <stdlib.h>
#define MAX 100

struct node
{
    int num;
    char name[10];
    char sex[2];
    int age;
    int chinese;
    int english;
    int computer;
    int math;
    int total;
    int average;
}stu[MAX];

struct node temp;

int c=0;

void menu();
void input();
void sort();
void find();
void del();
void output();
void error();
void insert();
void print(int i);
void main()            /*主函数*/
{
    menu();
}

void menu()            /*菜单函数*/
{
    int select;
    system("cls");
    printf("      成绩管理系统\n");
    printf("****************************\n");
    printf("[1]输入数据                  \n");
    printf("[2]查找数据                  \n");
```

```
        printf("[3]插入数据                    \n");
        printf("[4]删除数据                    \n");
        printf("[5]打印数据                    \n");
        printf("[6]数据排序                    \n");
        printf("[7]退出                    \n");
        printf("****************************\n");
        printf("请输入你的选项（1～7）：");
        scanf("%d",&select);
        switch(select)
        {
            case 1:input();break;
            case 2:find();break;
            case 3:insert();break;
            case 4:del();break;
            case 5:output();break;
            case 6:sort();break;
            case 7:exit(0);break;
            default:error();break;
        }
    }

    void input()                /*输入函数*/
    {
        int i;
        system("cls");
        printf("请输入学生人数：");
        scanf("%d",&c);
        c--;
        if(c>MAX)
        {
            printf("最多输入%d 个学生\n",MAX);
            printf("按任意键返回……");
            getchar();
            getchar();
            input();
        }
        for(i=0;i<=c;i++)
        {
            printf("\n 第%d 个学生的学号：",i+1);
            scanf("%d",&stu[i].num);
            printf("第%d 个学生的姓名：",i+1);
            scanf("%s",stu[i].name);
            printf("第%d 个学生的性别：",i+1);
            scanf("%s",stu[i].sex);
            printf("第%d 个学生的年龄：",i+1);
            scanf("%d",&stu[i].age);
```

```
        printf("第%d 个学生的语文成绩：",i+1);
        scanf("%d",&stu[i].chinese);
        printf("第%d 个学生的英语成绩：",i+1);
        scanf("%d",&stu[i].english);
        printf("第%d 个学生的计算机成绩：",i+1);
        scanf("%d",&stu[i].computer);
        printf("第%d 个学生的数学成绩：",i+1);
        scanf("%d",&stu[i].math);
        stu[i].total=stu[i].chinese+stu[i].english+stu[i].computer+stu[i].math;
        stu[i].average=stu[i].total/4;
    }
    printf("\n 按回车键返回主菜单……\n");
    getchar();
    getchar();
    menu();
}

void sort()                /*排序函数*/
{
    int i,j;
    struct node temp;
    for(i=0;i<c;i++)
    {
        for(j=i+1;j<=c;j++)
        {
            if(stu[i].average>stu[j].average)
            {
                temp=stu[i];
                stu[i]=stu[j];
                stu[j]=temp;
            }

        }
    }
    menu();
}

void find()                /*查找函数*/
{
    int xuehao;
    char name[10];
    int flag;
    int i;
    system("cls");
    printf("按学号查找[1]：\n");
    printf("按姓名查找[2]：\n");
```

```
    printf("请选择：");
    scanf("%d",&flag);
    if(flag==1)
    {
        printf("请输入你要查找的学号：");
        scanf("%d",&xuehao);
        for(i=0;i<c;i++)
        {
            if(stu[i].num==xuehao)
            {
                printf("\n************ %s 的成绩  *****************\n",stu[i].name);
                printf("学号：%d\t 性别：%s\t 年龄：%d\n\n",stu[i].num,stu[i].sex,stu[i].age);
                printf("语文成绩：%d\n",stu[i].chinese);
                printf("数学成绩：%d\n",stu[i].math);
                printf("英语成绩：%d\n",stu[i].english);
                printf("计算机成绩：%d\n",stu[i].computer);
                printf("总分：%d\t 平均分：%d\n",stu[i].total,stu[i].average);
            }
        }
    }
    else if(flag==2)
    {
        printf("请输入你要查找的姓名：");
        scanf("%s",name);
        for(i=0;i<c;i++)
        {
            if(strcmp(stu[i].name,name)==0)
            {
                printf("\n************ %s 的成绩  ****************\n",stu[i].name);
                printf("学号：%d\t 性别：%s\t 年龄：%d\n\n",stu[i].num,stu[i].sex,stu[i].age);
                printf("语文成绩：%d\n",stu[i].chinese);
                printf("数学成绩：%d\n",stu[i].math);
                printf("英语成绩：%d\n",stu[i].english);
                printf("电脑成绩：%d\n",stu[i].computer);
                printf("总分：%d\t 平均分：%d\n",stu[i].total,stu[i].average);
            }
        }
    }
    else
    {
        printf("选择的范围（1 或 2），请重新输入……");
        find();
    }
    printf("\n 按回车键返回主菜单……\n");
    getchar();
    getchar();
```

```
    menu();
}

void del()              /*删除函数*/
{
    int n,j;
    printf("请输入学号：\n");
    scanf("%d",&n);
    for( j=0;j<=c;j++)
    {
        if (stu[j].num==n)
        {
            int i=j;
            while(i++!=c)
            stu[i-1]=stu[i];
        }
    }
    --c;
    menu();
}
void output()
{
    int i;
    system("cls");
    for(i=0;i<=c;i++)
    {
        print(i);
    }
    printf("\n 按回车键返回主菜单……\n");
    getchar();
    getchar();
    menu();
}

void error()            /*主菜单输入出错处理函数*/
{
    system("cls");
    printf("输入有误，选择的范围是 1～7：\n");
    printf("\n 按回车键继续……\n");
    getchar();
    getchar();
    system("cls");
    menu();
}

void insert()           /*插入函数*/
{
```

```
    int i,j;
    system("cls");
    printf("插入学生的信息：\n");
    printf("请输入学生学号：");
    scanf("%d",&temp.num);
    printf("请输入学生姓名：");
    scanf("%s",temp.name);
    printf("请输入学生性别：");
    scanf("%s",temp.sex);
    printf("请输入学生年龄：");
    scanf("%d",&temp.age);
    printf("请输入学生语文成绩：");
    scanf("%d",&temp.chinese);
    printf("请输入学生英语成绩：");
    scanf("%d",&temp.english);
    printf("请输入学生计算机成绩：");
    scanf("%d",&temp.computer);
    printf("请输入学生数学成绩：");
    scanf("%d",&temp.math);
    temp.total=temp.english+temp.chinese+temp.computer+temp.math;
    temp.average=temp.total/4.0;

    if(c<MAX)
    {
        if(c==0)
        {
            stu[c]=temp;
        }
        else
        {
            c++;
            stu[c]=temp;
        }
    }
    menu();
}

void print(int i)                    /*输出函数*/
{
    printf("\n************ %s 的成绩*******************\n",stu[i].name);
    printf("学号：%d\t 性别：%s\t 年龄：%d\n\n",stu[i].num,stu[i].sex,stu[i].age);
    printf("语文成绩：%d\n",stu[i].chinese);
    printf("数学成绩：%d\n",stu[i].math);
    printf("英语成绩：%d\n",stu[i].english);
    printf("电脑成绩：%d\n",stu[i].computer);
    printf("总分：%d\t 平均分：%d\n",stu[i].total,stu[i].average);
}
```

10.4　本章小结

本章通过三个系统的设计与开发来综合运用 C 语言的相关知识解决实际问题，达到对知识综合运用的目的，提高学生分析问题和解决问题的能力。

10.5　习题

系统用户（用户号、用户名、密码、系统身份）存放在一个名为 user.txt 的文件中，请编写程序实现用户的新增、修改密码、删除功能、输出功能。要求：

（1）定义一个结构体表示用户信息。

（2）分别编写函数实现用户的新增、修改密码、删除功能、输出功能。

（3）编写 main()函数进行演示。

第 11 章　程序编写的常见错误

本章要点

本章主要分析程序编写的常见错误，对 VC 环境和 TC 环境中的常见错误信息进行说明。

学习目标

- 编写 C 语言程序常见的错误。
- 在不同集成开发环境中，编译常见的错误信息及处理方法。

11.1　程序编写中常见的错误

1．书写标识符时，大小写字母是有区别的。

```
void main()
{
    float a=5.3;
    printf("%f",A);
}
```

编译程序把 a 和 A 认为是两个不同的变量名而显示出错信息。C 语言认为大写字母和小写字母是两个不同的字符。习惯上，符号常量名用大写表示，变量名用小写表示，以增加程序的可读性。

2．运算时变量类型不符合要求。

```
void main()
{
    float a,b;
    printf("%d",a%b);
}
```

%是求余数运算，整型变量可以进行“求余”运算，实型变量则不允许。

3．混淆字符常量与字符串常量。

```
char c;
c="M";
```

字符常量与字符串常量是不同的，字符常量是由一对单引号括起来的单个字符，字符串常量是一对双引号括起来的字符序列。C 语言规定以“\0”作为字符串结束标志，它是由系统自动加上的，所以字符串“a”实际上包含两个字符：‘a’和‘\0’，而把它赋给一个字符变量是错误的。

4．忽略了“=”与“==”的区别。

在 C 语言中，“=”是赋值运算符，“==”是关系运算符。例如：

if (a==10) b=100;

前者是进行比较，a 是否和 10 相等，返回逻辑真或逻辑假；后者表示如果 a 和 10 相等，则把 100 赋值给变量 b。

5．语句末尾忘记加分号。

分号是 C 语句中不可缺少的一部分，语句末尾必须有分号，否则出现语法错误。

6．多加分号。

复合语句的花括号后不应该再加分号，否则将会出现语法错误。有固定格式的语句，不需要加分号。例如 if(a==10)后面不需要加分号，而需要跟执行的语句。

7．使用 scanf()函数输入变量值时，忘记加地址运算符“&”。

```
int a,b;
scanf("%d%d",a,b);
```

这是不合法的。scanf()函数的作用是按照 a、b 在内存中的地址将 a、b 的值存入。

8．使用 scanf()函数输入数据的方式与要求不符。

```
scanf("%d%d",&a,&b);
```

输入时，不能用逗号作为两个数据间的分隔符，用一个或多个空格间隔，也可以用回车键、Tab 键。如果在“格式控制”字符串中除了格式说明以外还有其他字符，则在输入数据时应该输入与这些字符相同的字符。

9．输入字符的格式与要求不一致。

在用“%c”格式输入字符时，“空格字符”和“转义字符”都作为有效字符输入。

10．输入输出的数据类型与所用格式说明符不一致。

编译时不给出出错信息，但运行结果将不准确。

11．输入数据时，不能规定精度。

12．switch 语句中漏写 break 语句。

由于漏写了 break 语句，满足条件后将不跳出 switch 语句，继续执行。

13．忽视了 while 和 do-while 语句在细节上的区别。

while 循环是先判断后执行，而 do-while 循环是先执行后判断。在不满足条件时执行的次数不相同。

14．定义数组时误用变量。

数组名后面用方括号括起来的是常量表达式，不允许对数组的大小作动态定义。

15．数组引用下标越界。

16．在定义数组时，将定义的“元素个数”误认为是可以使用的最大下标值。

C 语言中数组下标从 0 开始，下标只能引用到数组元素个数减 1。

17．在不应该加地址运算符&的位置加上了地址运算符。

```
scanf("%s",&str);
```

数组名代表该数组的起始地址，且 scanf()函数中的输入项是字符数组名，不必再加地址符&。

18．if与else的匹配错误。

19．注意“/”与“\”的区别。

20．各种数据类型都有表示数据的范围，注意溢出。

11.2 VC环境中常见的错误信息

1．在语句末尾没有书写“;”。

错误信息：syntax error : missing ';'。

2．变量未定义就直接使用。

错误信息：error C2065: 'i' : undeclared identifier。

3．在程序中使用中文标识符。

错误信息：error C2018: unknown character '0xa3'，除程序注释和printf语句中原样输出外，其余字符要求使用英文。

4．定义的变量类型与使用不匹配。

错误信息：warning C4305: 'initializing' : truncation from 'const double' to 'float'，声明为float，但实际上赋了一个double的值。

5．在函数定义括号后面使用分号。

错误信息：error C2449: found '{' at file scope (missing function header?)。

6．函数声明、定义、调用三者参数个数不匹配。例如：

```
void chang(int a,int b,float c)
{
    …
}
void main()
{
    …
    chang(3,4);
}
```

错误信息：error C2660: 'chang' : function does not take 2 parameters。

7．程序中“{”和“}”不匹配。

错误信息：fatal error C1004: unexpected end of file found。

8．函数没有返回值。

错误信息：warning C4716: 'aa' : must return a value。

9．程序缺少头文件。

错误信息：warning C4013: 'printf' undefined; assuming extern returning int。

10．case语句后面缺少“:”。

错误信息：error C2146: syntax error : missing ':' before identifier 'exit'。

11.3　TC 环境中常见的错误信息

1．数组的界限符“]”丢失。

错误信息：Array bounds missing]。

2．调用未定义函数。

错误信息：Call of non-functin，通常是由于不正确的函数声明或函数名拼写错误而造成的。

3．case 出现在 switch 外。

错误信息：case outside of switch，编译程序发现 case 语句出现在 switch 语句之外，这类故障通常是由于括号不匹配造成的。

4．case 语句漏掉。

错误信息：case statement missing，case 语句必须包含一个以冒号结束的常量表达式，如果漏了冒号或在冒号前多了其他符号，则会出现此类错误。

5．漏掉复合语句。

错误信息：Compound statement missing，编译程序扫描到源文件末尾时，未发现结束符号（大括号），此类错误通常是由于大括号不匹配所致。

6．需要常量表达式。

错误信息：Constant expression required，数组的大小必须是常量，通常是由于#define 常量的拼写错误或是数组定义不正确引起的。

7．说明出现语法错误。

错误信息：Declaration syntax error，若某个说明语句丢失了某些符号或输入了多余的符号，则会出现此类错误。

8．除数为零。

错误信息：Division by zero，常量表达式出现除数为零的情况，则会造成此类错误。

9．do 语句中必须有 while 关键字。

错误信息：Do statement must have while，程序中包含了一个无 while 关键字的 do 语句，则出现此类错误。

10．do while 语句中漏掉了分号。

错误信息：Do while statement missing ";"，在 do 语句的条件表达式中，右括号后面无分号，则出现此类错误。

11．case 情况不唯一。

错误信息：Duplicate Case，switch 语句的每个 case 必须有一个唯一的常量表达式值，否则会导致此类错误发生。

12．表达式语法错误。

错误信息：Expression syntax error，通常是由于出现两个连续的操作符，括号不匹配或缺少括号、前一语句漏掉了分号引起的。

13．调用时出现多余参数。

错误信息：Extra parameter in call，调用函数时由其实际参数个数多于函数定义中的参数个数所致。

14．for 语名缺少“)”。

错误信息：For statement missing)，在 for 语句中，如果控制表达式后缺少右括号，则会出现此类错误。

15．函数定义位置错误。

错误信息：Function definition out ofplace。

16．初始化语法错误。

错误信息：Initialize syntax error，初始化语法过程中缺少了或多出了运算符、括号不匹配或其他不正常的情况。

17．定义中参数个数不匹配。

错误信息：Mismatch number of parameters in definition，函数定义中的参数和函数原型中提供的信息不匹配。

18．else 位置出错。

错误信息：Misplaced else，编译程序发现 else 语句缺少与之配对的 if 语句，就产生这类错误。还可能是由于多余的分号造成的，或者是漏写了大括号或是前面的 if 语句出现了错误造成的。

19．操作符左边必须是一个指针。

错误信息：Pointer required on left side of，“->”的左边必须是一个指针变量。

20．变量重定义。

错误信息：Redeclaration of 'x'，这个标识符已经定义过，不可以在同一函数内部对标识符重复定义。

21．语句缺少分号。

错误信息：Statement missing;，编译程序发现一个语句的后面没有“;”。

22．十进制小数点太多。

错误信息：Too many decimal points，一个浮点数带有不止一个十进制的小数点。

23．未终结的串。

错误信息：Unterminated string，编译程序发现了一个不配对的引号。

24．赋值请求。

错误信息：Value required，该赋值的变量没有被赋值。

25．定义了变量但是没有使用。

在源程序文件中定义了某个变量，但是没有使用。

26．“XX”被赋予一个不使用的值。

这个变量出现在一个赋值语句中，但是未曾使用。

27．“XX”不是结构体的部分。

出现在“.”或箭头“->”左边的域名不是结构体变量，或者“.”的左边不是结构体变量，箭头“->”的左边不是指向结构的指针。

28．函数应该返回一个值。

源文件说明的当前函数的返回类型不是 int 也不是 void，但是编译程序未返回值。

29．参数“XX”从未使用。

函数说明中的该参数在函数体中从未使用过。

30．结构体“XX”无定义。

源文件使用了该结构体，但是它却没有定义，这可能是由结构体变量的拼写错误或忘记定义引起的。

11.4 本章小结

本章分析程序编写中的常见错误，列举在 VC 和 TC 环境中常见的错误信息，避免在程序编写中出现错误。

11.5 习题

1．程序的功能：从低位开始取出长整型变量 s 中奇数位上的数，依次构成一个新数放在 t 中。

例如，当 s 中的数为 7654321 时，t 中的数为 7531，请修改并运行该程序。

```
#include <conio.h>
#include <stdio.h>
  main()
  {  long     s, t, sl=10;
     clrscr();
     printf("\nPlease enter s:");
     scanf("%ld", &s);
     /************found************/
     t = s / 10;
     while ( s > 0);
     {    s = s/100;
          t = s%10 * sl + t;
          /************found************/
          sl = sl*100;
     }
     printf("The result is: %ld\n", t);
   }
```

2．程序的功能：求一维数组 a 中值为偶数的元素之和。

例如，当一维数组 a 中的元素为 10、4、2、7、3、12、5、34、5、9 时，程序的输出应为 The result is: 62。

```
#include <conio.h>
#include <stdio.h>
main()
```

```
{   int a[10]={10,4,2,7,3,12,5,34,5,9},i,s;
    clrscr();
    s = 0;
    for ( i=0; i<10; i++)
        /************found************/
        if (i % 2 = 0)
            s = s + a[i];
    /************found************/
    print("The result is: %d\n", s);
}
```

3．程序的功能：求一维数组 a 中值为偶数的元素之和。

例如，当一维数组 a 中的元素为 10、4、2、7、3、12、5、34、5、9 时，程序的输出应为 The result is: 62。

```
#include <conio.h>
#include <stdio.h>
sum ( int arr[ ],int n )
{   int i,s;
    clrscr();
    s = 0;
    for ( i=0; i<n; i++)
        if (arr[i] % 2 == 0)
         /************found************/
         s = + i;
    return (s);
}
main()
{   int a[10]={10,4,2,7,3,12,5,34,5,9},i,s;
    /************found************/
    s = sum( a ,2 );
    printf("The result is: %d\n", s);
}
```

第 12 章　C 语言试题

本章要点

本章有三套 C 语言试题，题型为选择题和填空题。

学习目标

- 掌握 C 语言笔试和上机调试。
- 掌握 C 语言的基础知识。

12.1　试题第一套

一、选择题

1．若有定义：int a=8,b=5,c;，执行语句 c=a/b+0.4;后，c 的值为（　　）。

A．1.4　　B．1　　C．2.0　　D．2

2．若变量 a 是 int 类型，并执行了语句：a='A'+1.6;，则下列正确的叙述是（　　）。

A．a 的值是字符 C

B．a 的值是浮点型

C．不允许字符型和浮点型相加

D．a 的值是字符 A 的 ASCII 值加上 1

3．不合法的 main 函数命令行参数表示形式是（　　）。

A．main(int a,char *c[])　　B．main(int arc,char **arv)

C．main(int argc,char *argv)　　D．main(int argv,char *argc[])

4．以下选项中不属于 C 语言的类型的是（　　）。

A．signed　short　int　　B．unsigned　long int

C．unsigned　int　　D．long　short

5．若有说明语句：int　a,b,c,*d=&c;，则能正确从键盘上读入三个整数分别赋值给变量 a、b、c 的语句是（　　）。

A．scanf("%d%d%d",&a,&b,d);　　B．scanf("%d%d%d",&a,&b,&d);

C．scanf("%d%d%d",a,b,d);　　D．scanf("%d%d%d",a,b,*d);

6．在 16 位 C 编译系统上，若定义 long a;，则能给 a 赋值 40000 的正确语句是（　　）。

A．a=20000+20000;　　B．a=4000*10;

C．a=30000+10000;　　D．a=4000L*10L;

7．以下叙述正确的是（　　）。

A．可以把 define 和 if 定义为用户标识符

B．可以把 define 定义为用户标识符，但不能把 if 定义为用户标识符

C．可以把 if 定义为用户标识符，但不能把 define 定义为用户标识符

D．define 和 if 都不能定义为用户标识符

8．若定义：int a=511,*b=&a;，则 printf("%d\n",*b);的输出结果为（　　）。

A．无确定值　　B．a 的地址

C．512　　D．511

9．以下程序的输出结果是（　　）。

```
main()
{
    int   a=5,b=4,c=6,d;
    printf("%d\n",d=a>b?(a>c?a:c):(b));
}
```

A．5　　B．4　　C．6　　D．不确定

10．以下程序中，while 循环的循环次数是（　　）。

```
main()
{
    int   i=0;
    while(i<10)
    {
        if(i<1)    continue;
        if(i==5)   break;
        i++;
    }
}
```

A．1　　B．10

C．6　　D．死循环，不能确定次数

11．设有以下说明语句：

```
typedef   struct
{
    int   n;
    char   ch[8];
}PER;
```

则下列叙述中正确的是（　　）。

A．PER 是结构体变量名　　B．PER 是结构体类型名

C．typedef struct 是结构体类型　　D．struct 是结构体类型名

12．若有以下程序：

```
#include <stdio.h>
void f(int   n);
main()
{
```

```
    void  f(int  n);
    f(5);
}
void f(int  n)
{
    printf("%d\n",n);
}
```

则下列叙述中不正确的是（　　）。

A．若只在主函数中对函数 f 进行说明，则只能在主函数中正确调用函数 f

B．若在主函数前对函数 f 进行说明，则在主函数和其后的其他函数中都可以正确调用函数 f

C．对于以上程序，编译时系统会提示出错信息：提示对 f 函数重复说明

D．函数 f 无返回值，所以可以用 void 将其类型定义为无值型

13．若有以下定义和语句：

```
int  s[4][5],(*ps)[5];
ps=s;
```

则对 s 数组元素的正确引用形式是（　　）。

A．ps+1　　B．*(ps+3)　　C．ps[0][2]　　D．*(ps+1)+3

14．在 C 语言中，形参的默认存储类是（　　）。

A．auto　　B．register　　C．static　　D．extern

15．若指针 p 已经正确定义，要使 p 指向两个连续的整型动态存储单元，下列不正确的语句是（　　）。

A．p=2*(int*)malloc(sizeof(int));　　B．p=(int*)malloc(2*sizeof(int));

C．p=(int*)malloc(2*2);　　D．p=(int*)calloc(2，sizeof(int));

16．在说明语句：int *f();中，标识符 f 代表的是（　　）。

A．一个用于指向整型数据的指针变量

B．一个用于指向一维数组的行指针

C．一个用于指向函数的指针变量

D．一个返回值为指针型的函数名

17．若要打开 A 盘上 user 子目录下名为 abc.txt 的文本文件进行读、写操作，下面符合此要求的函数调用是（　　）。

A．fopen("A:\user\abc.txt","r")

B．fopen("A:\\user\\abc.txt","r+")

C．fopen("A:\user\abc.txt","rb")

D．fopen("A:\\user\\abc.txt","w")

18．以下不能正确进行字符串赋初值的语句是（　　）。

A．char　str[5]="good!";　　B．char　str[]="good!";

C．char　*str="good!";　　D．char　str[5]={'g','o','o','d'};

19．若有下面的说明和定义：

```
struct test
{
    int ml; char m2;
    float m3;
    union uu {
                char ul[5];
                int u2[2];
            } ua;
} myaa;
```

则 sizeof(struct test)的值是（　　）。

A．12　　B．16　　C．14　　D．9（13）

20．若有定义：int aa[8];，则以下表达式中不能代表数组元素 aa[1]的地址的是（　　）。

A．&aa[0]+1　　B．&aa[1]　　C．&aa[0]++　　D．aa+1

21．以下程序的输出结果是（　　）。

```
main()
{   int a=4,b=5,c=0,d;
    d=!a&&!b||!c;
    printf("%d\n",d);
}
```

A．1　　B．0　　C．非 0 的数　　D．-1

22．以下程序的输出结果是（　　）。

```
main()
{
    int b[3][3]={0,1,2,0,1,2,0,1,2},i,j,t=1;
    for(i=0;i<3;i++)
      for(j=i;j<=i;j++)
          t=t+b[i][b[j][j]];
    printf("%d\n",t);
}
```

A．3　　B．4　　C．1　　D．9

23．以下程序的输出结果是（　　）。

```
#include <stdio.h>
#include <string.h>
main()
{
    char    b1[8]="abcdefg",b2[8],*pb=b1+3;
    while (--pb>=b1)   strcpy(b2,pb);    //循环 3 次，最后一次把"abcdefg"拷贝给 b2
    printf("%d\n",strlen(b2));
}
```

A．8　　B．3　　C．1　　D．7

24．以下程序的输出结果是（　　）。

```
f(int b[],int m,int n)
```

```
{
    int i,s=0;
    for(i=m;i<n;i=i+2)    s=s+b[i];
    return    s;
}
main()
{
    int    x,a[]={1,2,3,4,5,6,7,8,9};
    x=f(a,3,7);
    printf("%d\n",x);
}
```

A．10　　B．18　　C．8　　D．15

25．以下程序的输出结果是（　　）。

```
main()
{
    char ch[3][5]={"AAAA","BBB","CC"};
    printf("\"%s\"\n",ch[1]);
}
```

A．"AAAA"　　B．"BBB"　　C．"BBBCC"　　D．"CC"

26．以下程序的输出结果是（　　）。

```
main()
{
    int a=0,i;
    for(i=1;i<5;i++)
    {
        switch(i)
        {   case 0:
            case 3:a+=2;
            case 1:
            case 2:a+=3;
            default:a+=5;
        }
    }
printf("%d\n",a);
}
```

A．31　　B．13　　C．10　　D．20

27．以下程序的输出结果是（　　）。

```
#include <stdio.h>
main()
{
    int i=0,a=0;
    while(i<20)
    {
        for(;;)
        {
```

```
            if((i%10)==0)   break;
            else    i--;
        }
        i+=11; a+=i;
    }
    printf("%d\n",a);
}
```

A．21　　B．32　　C．33　　D．11

28．以下程序的输出结果是（　　）。

```
char cchar(char   ch)
{
    if(ch>='A' && ch<='Z')   ch=ch-'A'+'a';
    return ch;
}
main()
{
    char s[]="ABC+abc=defDEF",*p=s;
    while(*p)
    {
        *p=cchar(*p);
        p++;
    }
    printf("%s\n",s);
}
```

A．abc+ABC=DEFdef　　B．abc+abc=defdef

C．abcaABCDEFdef　　D．abcabcdefdef

29．以下程序的输出结果是（　　）。

```
int f()
{
    static int   i=0;
    int s=1;
    s+=i;
    i++;
    return s;
}
main()
{
    int i,a=0;
    for(i=0;i<5;i++)   a+=f();
    printf("%d\n",a);
}
```

A．20　　B．24　　C．25　　D．15

30．以下程序的输出结果是（　　）。

```
union myun
{
```

```
    struct{    int    x,y,z; } u;
    int    k;
} a;
main()
{
    a.u.x=4;
    a.u.y=5;
    a.u.z=6;
    a.k=0;
    printf("%d\n",a.u.x);
}
```

A．4　　B．5　　C．6　　D．0

31．下列程序执行后的输出结果是（　　）。

```
void func1(int i);
void func2(int i);
char st[]="hello,friend!";
void func1(int i)
{   printf("%c",st[i]);
    if(i<3){i+=2;func2(i);}
}
void func2(int i)
{   printf("%c",st[i]);
    if(i<3){i+=2;func1(i);}
}
main()
{   int i=0;
    func1(i); printf("\n");
}
```

A．hello　　B．hel　　C．hlo　　D．hlm

32．下列程序执行后的输出结果是（　　）。

```
#include <stdio.h>
int a[]={0,1,2,3,4,5,6,7,8,9};
float f(int n)
{
    if(n==1)
        return a[0];
    else
        return((float)(n*f(n-1)+a[n])/n+1);
}
main()
{
    int n=9;
    printf("f(%d)=%f\n",n+1,f(n));
}
```

A．14　　B．15　　C．16　　D．13

二、填空题

1．下面的程序是求二维数组中的最大值及其所在的行下标并输出。其中，select()函数的功能是：在N行M列的二维数组中选出一个最大值作为函数值返回，并通过形参传回此最大值所在的行下标。

```
#define   N   3
#define   M   3
select(int   a[N][M],int     *n)
{   int   i,j,row=0,colum=0;
    for(i=0;i<N;i++)
    for(j=0;  ____①____;j++)
    if(________②________){row=i;colum=j;}
    *n=_____③_____;
    return   ____④____;
}
main()
{   int   a[N][M]={9,11,23,6,1,15,9,17,20},max,n;
    max=  _____⑤_____;
    printf("max=%d,line=%d\n",max,n);
}
```

2．以下程序的功能是将n个字符按输入顺序的逆序排列。其中，函数sort()实现n个字符的逆置。

```
sort(char *p,int m)
{
    int i;
    char temp,*p1,*p2;
    for(i=0;  _____⑥_____;i++)
    {
        p1=        ⑦        ;
        p2=        ⑧        ;
        temp=*p1;
        _____⑨_____;
        *p2=temp;
    }
}
main()
{
    int i,n;
    char *p,num[20];
    printf("input n:");
    scanf("%d",&n);
    printf("please input these numbers:\n");
    for(i=0;i<n;i++)
        scanf(" %c",&num[i]);          //%c之前要留有空格，否则不能从键盘正确读取
    p= ________⑩________ ;
```

```
    sort(p,n);
    printf("now,the sequence is:\n");
    for(i=0;i<n;i++)
printf("%c",num[i]);
}
```

12.2　试题第二套

一、选择题

1．以下叙述中正确的是（　　）。

A．C 语言的源程序不必通过编译就可以直接运行

B．C 语言中的每条可执行语句最终都将被转换成二进制的机器指令

C．C 语言源程序经过编译形成的二进制代码可以直接运行

D．C 语言中的函数不可以单独进行编译

2．以下选项中不正确的实型常量是（　　）。

A．2.6E-1　　B．0.8324e　　C．-78.8745　　D．456e-2

3．若以下选项中的变量 x1、x2、x3、x4 已经正确定义，则正确的赋值语句是（　　）。

A．x1=26.8%3;　　B．1+2=x2;　　C．x3=0x12;　　D．x4=1+2=3;

4．有定义语句：int x,y;，若使变量 x 得到 11，变量 y 得到数值 12，下面四组输入要通过 scanf("%d,%d",&x,&y);语句使变量 x 得到数值形式中错误的是（　　）。

A．11 12<回车>　　B．11, 12<回车>

C．11,12<回车>　　D．11, <回车> 12<回车>

5．设有以下定义：

```
int a=0;
double b=1.25;
char c='A';
#define d 2
```

则下列语句中错误的是（　　）。

A．a++;　　B．b++;　　C．c++;　　D．d++;

6．有以下程序：

```
main()
{
    int x=102,y=012;
    printf("%2d,%2d\n",x,y);
}
```

执行后的输出结果是（　　）。

A．10,01　　B．002,12　　C．102,10　　D．02,10

7．设有如下程序段：

```
int x=2002,y=2003;
```

```
printf("%d\n",(x,y));
```

则以下叙述中正确的是（　　）。

A．输出语句中格式说明符的个数少于输出项的个数，不能正确输出

B．运行时产生出错信息

C．输出值为 2002

D．输出值为 2003　　//逗号表达式

8．设有定义：int a,*pa=&a; 以下 scanf 语句中能正确为变量 a 读入数据的是（　　）。

A．scanf("%d",pa);　　B．scanf("%d",a);

C．scanf("%d",&pa);　　D．scanf("%d",*pa);

9．以下程序段中与语句 k=a>b?(b>c?1:0):0;功能等价的是（　　）。

A．
```
if((a>b)&&(b>c)) k=1;
else k=0;
```

B．
```
if((a>b)||(b>c)) k=1
else k=0;
```

C．
```
if(a<=b) k=0;
else if(b<=c) k=1;
```

D．
```
if(a>b) k=1;
else if(b>c) k=1;
else k=0;
```

10．有以下程序：

```
main()
{
    int i,s=0;
    for(i=1;i<10;i+=2)  s+=i+1;
    printf("%d\n",s);
}
```

程序执行后的输出结果是（　　）。

A．自然数 1～9 的累加和　　B．自然数 1～10 的累加和

C．自然数 1～9 中的奇数之和　　D．自然数 1～10 中的偶数之和

11．若程序中定义了以下函数：

```
double myadd(double a,double b)
{ return (a+b);}
```

并将其放在调用语句之后，则在调用之前应该对该函数进行说明，以下选项中错误的说明是（　　）。

A．double myadd(double a,b);　　B．double myadd(double,double);

C．double myadd(double b,double a);　　D．double myadd(double x,double y);

12．有以下函数定义：

```
void fun(int n,double x) { … }
```

若以下选项中的变量都已经正确定义并赋值，则对函数 fun()的正确调用语句是（　　）。

A．fun(int y,double　m);　　B．k=fun(10,12.5);

C．fun(x,n);　　D．void fun(n,x);

13．有以下程序段：

```
int a[10]={1,2,3,4,5,6,7,8,9,10},*p=&a[3],b;
```

```
b=p[5];
```

b 中的值是（　　）。

A．5　　B．6　　C．8　　D．9

14．有以下程序：

```
main()
{  char a[]="abcdefg",b[10]="abcdefg";
   printf("%d  %d\n",sizeof(a),sizeof(b));
}
```

执行后的输出结果是（　　）。

A．7 7　　B．8 8　　C．8 10　　D．10 10

15．有以下定义：

```
#include <stdio.h>
char a[10],*b=a;
```

不能给数组 a 输入字符串的语句是（　　）。

A．gets(a)　　B．gets(a[0])　　C．gets(&a[0]);　　D．gets(b);

16．下列选项中正确的语句组是（　　）。

A．char s[8]; s={"Beijing"};　　B．char *s; s={"Beijing"};

C．char s[8]; s="Beijing";　　D．char *s; s="Beijing";

17．设有以下语句：

```
typedef struct  S
{  int g;  char  h;}  T;
```

则下列叙述中正确的是（　　）。

A．可用 S 定义结构体变量　　B．可以用 T 定义结构体变量

C．S 是 struct 类型的变量　　D．T 是 struct　S 类型的变量

18．有以下程序：

```
main()
{  unsigned char a,b;
   a=4|3;
   b=4&3;
   printf("%d %d\n",a,b);
```

执行后的输出结果是（　　）。

A．7 0　　B．0 7　　C．1 1　　D．43 0

19．若有定义：int *p[3];，则以下叙述中正确的是（　　）。

A．定义了一个基类型为 int 的指针变量 p，该变量具有三个指针

B．定义了一个指针数组 p，该数组含有三个元素，每个元素都是基类型为 int 的指针

C．定义了一个名为*p 的整型数组，该数组含有三个 int 类型元素

D．定义了一个可以指向一维数组的指针变量 p，所指一维数组应该具有三个 int 类型元素

20．下列关于 C 语言数据文件的叙述中正确的是（　　）。

A．文件由 ASCII 码字符序列组成，C 语言只能读写文本文件

B．文件由二进制数据序列组成，C 语言只能读写二进制文件

C．文件由记录序列组成，可按数据的存放形式分为二进制文件和文本文件

D．文件由数据流形式组成，可按数据的存放形式分为二进制文件和文本文件

21．以下程序的输出结果是（　　）。

```
main()
{ int a=1,b=2,m=0,n=0,k;
    k=(n=b>a)||(m=a);
    printf("%d,%d\n",k,m);
}
```

A．0，0

B．0，1

C．1，0

D．1，1　 //（n=b>a）为 1，不再求解（m=a）

22．以下程序的输出结果是（　　）。

```
main()
{   int i,n=0;
    for(i=2;i<5;i++)
    {   do
        {   if(i%3)   continue;
            n++;
        } while(!i);
        n++;
    }
    printf("n=%d\n",n);
}
```

A．n=5　　B．n=2　　C．n=3　　D．n=4

23．以下程序的输出结果是（　　）。

```
char fun(char x,char y)
{   if(x<y)   return x;
    return y;
}
main()
{   int a='9',b='8',c='7';
    printf("%c\n",fun(fun(a,b),fun(b,c)));
}
```

A．函数调用出错　　B．8

C．9　　D．7

24．以下程序的输出结果是（　　）。

```
void fun(char *a,char *b)
{ a=b;    (*a)++; }
main()
{   char c1='A',c2='a',*p1,*p2;
```

```
    p1=&c1; p2=&c2; fun(p1,p2);
    printf("%c%c\n",c1,c2);
}
```

A．Ab　　B．aa　　C．Aa　　D．Bb

25．以下程序的输出结果是（　　）。

```
void swap1(int c[])
{   int t;
    t=c[0];c[0]=c[1];c[1]=t;
}
void swap2(int c0,int c1)
{   int t;
    t=c0;c0=c1;c1=t;
}
main()
{   int a[2]={3,5},b[2]={3,5};
    swap1(a);  swap2(b[0],b[1]);
    printf("%d  %d  %d  %d\n",a[0],a[1],b[0],b[1]);
}
```

A．5 3 5 3　　B．5 3 3 5　　C．3 5 3 5　　D．3 5 5 3

26．以下程序的输出结果是（　　）。

```
#define  f(x)   x*x
main()
{   int i;
    i=f(4+4)/f(2+2);
    printf("%d\n",i);
}
```

A．28　　B．22　　C．16　　D．4

27．以下程序的输出结果是（　　）。

```
int a=2;
int f(int *a)
{return (*a)++;}
main()
{  int s=0;
    { int a=5;
      s+=f(&a);
    }
   s+=f(&a);
   printf("%d\n",s);
}
```

A．10　　B．9　　C．7　　D．8

28．以下程序的输出结果是（　　）。

```
void sum(int *a)
{ a[0]=a[1];}
main()
{  int aa[10]={1,2,3,4,5,6,7,8,9,10},i;
```

```
    for(i=2;i>=0;i--)   sum(&aa[i]);
    printf("%d\n",aa[0]);
}
```

A．4　　B．3　　C．2　　D．1

29．以下程序的输出结果是（　　）。

```
void sort(int a[],int n)
{   int i,j,t;
    for(i=0;i<n-1;i+=2)
        for(j=i+2;j<n;j+=2)
            if(a[i]<a[j])  {  t=a[i];a[i]=a[j];a[j]=t;}
}
main()
{   int aa[10]={1,2,3,4,5,6,7,8,9,10},i;
    sort(aa,10);
    for(i=0;i<10;i++)     printf("%d,",aa[i]);
    printf("\n");
}
```

A．1,2,3,4,5,6,7,8,9,10,　　B．10,9,8,7,6,5,4,3,2,1,

C．9,2,7,4,5,6,3,8,1,10,　　D．1,10,3,8,5,6,7,4,9,2,

30．以下程序的输出结果是（　　）。

```
struct STU
{   char name[10];
    int num;
    int Score;
};
main()
{   struct STU    s[5]={{"YangSan",20041,703},{"LiSiGuo",20042,580},
                       {"wangYin",20043,680},{"SunDan",20044,550},
                       {"Penghua",20045,537}},*p[5],*t;
    int i,j;
    for(i=0;i<5;i++)     p[i]=&s[i];
    for(i=0;i<4;i++)
    for(j=i+1;j<5;j++)
      if(p[i]->Score>p[j]->Score)
        { t=p[i];p[i]=p[j];p[j]=t;}
      printf("%5d    %d\n",s[1].Score,p[1]->Score);
}
```

A．550 550　　B．680 680　　C．580 550　　D．580 680

31．有以下程序：

```
#include <string.h>
main(int argc ,char *argv[ ])
{   int i,len=0;
    for(i=1;i<argc;i+=2)   len+=strlen(argv[i]);
    printf("%5d\n",len);
}
```

经过编译连接后生成的可执行文件是 ex.exe，若运行时输入以下带参数的命令行：

ex　abcd　efg　h3　k44

执行后输出结果是（　　）。

A．14　　B．12　　C．8　　D．6

32．下列程序执行后的输出结果是（　　）。

```
#include <stdlib.h>
struct NODE{
            int num;
            struct NODE *next;
          };
main()
{   struct NODE *p,*q,*r;
    int sum=0;
    p=(struct NODE *)malloc(sizeof(struct NODE));
    q=(struct NODE *)malloc(sizeof(struct NODE));
    r=(struct NODE *)malloc(sizeof(struct NODE));
    p->num=1;q->num=2;r->num=3;
    p->next=q;q->next=r;r->next=NULL;
    sum+=q->next->num;sum+=p->num;
    printf("%d\n",sum);
}
```

A．3　　B．4　　C．5　　D．6

二、填空题

1．以下程序的功能是用递归的方法求 Fibonacci 数列：1，1，2，3，5，8，…的第 N 项的数。Fibonacci 数列的定义如下：

$F_1=1$　　（n=1）

$F_2=1$　　（n=2）

$F_n=F_{n-1}+F_{n-2}$　　（n≥3）

```
#define N   40
long int fibo(int n)
{
   long f1,f2,f;
   if( _____①_____ )
     return n;
   else
   {
      _____②_____ ;
      _____③_____ ;
      _____④_____ ;
   }
   return f;
}
main()
```

```
{
   printf("%ld", ______⑤______ );
}
```

2．以下程序的功能是将包含 n 个字符的字符串从第 m 个字符开始的全部字符复制到另一个字符串中。其中，函数 copystr()实现字符串的复制。

```
copystr(char *p1,char *p2,int m)
{
   int n;
   n=0;
   while(n<m-1)
   {
      n++;
      ______⑥______ ;
   }
   while( ______⑦______ )
   {
      ________⑧________ ;
      p1++;
      p2++;
   }
      ______⑨______ ;
}
main()
{
   int m;
   char str1[20],str2[20];
   gets(str1);
   scanf("%d",&m);
   if(strlen(str1)<m)
      printf("input error");
   else
    {
       ________⑩________ ;
       puts(str2);
    }
}
```

12.3 试题第三套

一、选择题

1．一个 C 语言程序是由（　　）组成的。

A．主程序　　B．子程序　　C．函数　　D．过程

2．转换说明符%x 的输出形式是（　　）。

A．十进制数　　B．八进制数　　C．十六进制数　　D．二进制数

3．若 a、b 均为 int 型变量，且 a=100，则关于循环语句 for(b=100; a! =b; ++a,++b) printf("----------------------");的正确说法是（　　）。

A．循环体只执行一次　　B．死循环

C．循环体一次也不执行　　D．输出— — — — — —

4．若 x、y、z 均为 int 型变量，则执行下列语句后的 z 值为（　　）。

x=1;y=2;x=3;z=(x>y)? z:y;z=(z<y)? z;x

A．1　　B．4　　C．2　　D．3

5．下面的标识符中，合法的用户标识符为（　　）。

A．P#Ad　　B．12a　　C．char　　D．_int

6．'A'+3 的结果是（　　）。

A．'A'　　B．'D'的 ASCII 码

C．65　　D．3

7．语句 char str[20];说明 str 是一个字符串，最多能表示（　　）。

A．20 个字符　　B．19 个字符　　C．18 个字符　　D．21 个字符

8．将 int 型变量 n 转换成 float 型变量的方法是（　　）。

A．float　　B．(float)n　　C．float(n)　　D．floatn

9．以下不正确的描述是（　　）。

A．使用 while 和 do-while 循环时，循环变量初始化的操作应该在循环语句之前完成

B．while 循环是先判断表达式，后执行判断表达式

C．do-while 和 for 循环均是先执行循环体语句，后判断表达式

D．for、while 和 do-while 循环中的循环体均可以由空语句构成

10．在循环语句中使用 break 语句的功能是（　　）。

A．使程序的执行跳出 break 所在的那一层循环

B．使程序结束

C．跳出包含此 break 语句的所有循环

D．终止本次循环，继续下次循环

11．下面是一个初始化指针的语句：int *px=&a;，其中指针变量的名字应该是（　　）。

A．*pz　　B．a　　C．px　　D．&a

12．若指针 px 为空指针，则（　　）。

A．px 指向不定　　B．px 的值为零

C．px 的目标为零　　D．px 的地址为零

13．对于语句 int　*px[10];，以下说法正确的是（　　）。

A．px 是一个指针，指向一个数组，数组的元素是整型

B．px 是一个数组，其每一个元素是指向整数的指针

C．A 和 B 均错，但它是 C 语言的正确语句

D．C 语言不允许这样的语句

14．具有相同基类型的指针变量 P 和数组变量 Y，下列写法中不合法的是（　　）。

A．P=Y　　B．*P=Y[i]　　C．P+&Y[i]　　D．P=&Y

15．已知 static int a[ ]={5,4,3,2,1},*P[ ]={a+3,a+2,a+1,a},*q=P，则表达式**(P[0]+1)+**(q+2)的值是（　　）。

A．5　　B．4　　C．6　　D．7

16．下列语句实现将 S2 所指字符数组中前 n 个字符复制到 S1 所指字符数组中，其中代码不正确的是（　　）。

A．*S1++=*S2++　　B．S1[n-1]=S2[n-1]

C．*(S1+n-1)=*(S2+n-1)　　D．*(+ +S1)=*(++S2)

17．调用函数的实参与被调用函数的形参应该有如下关系（　　）。

A．只要求实参与形参个数相等

B．只要求实参与形参顺序相同

C．只要求实参与形参数据类型相同

D．上述三点均需具备

18．联合体成员的数据类型（　　）。

A．相同　　B．可以不同也可以相同

C．长度一样　　D．是结构体变量

19．由系统分配和控制的标准输出文件为（　　）。

A．键盘　　B．磁盘

C．打印机　　D．显示器

20．C 语言标准库函数 read(fd,buffer,n)的功能是（　　）。

A．从文件 fd 中读取长度不超过 n 个字节的数据送入 buffer 指向的内存区域

B．从文件 fd 中读取长度不超过 n-1 个字节的数据送入 buffer 指向的内存区域

C．从文件 fd 中读取长度不超过 n 个字符送入 buffer 指向的内存区域

D．从文件 fd 中读取长度不超过 n-1 个字符送入 buffer 指向的内存区域

21．下列程序：

```
main()
{
    int x,y,z;
    x=y=2;z=3;
    y=z++-1;printf("%d\t%d\t",x,y);
    y=++x-1;printf("%d\t%d\n",z,y);
    y=z++-1;printf("%d\t%d\t",x,y);
    y=--z-1;printf("%d\t%d\n",z,y);
}
```

运行后输出的数据为（　　）。

A．3 1 4 2　　B．3 1 3 3　　C．2 2 4 2　　D．2 1 3 2

2 4 1 3　　2 4 2 2　　3 3 4 3　　1 3 1 2

22．下列程序：

```
main()
{
    int i,j;
    char *a,c;
    a="computer";
    printf("%s",a);
    for(i=0,j=7;i<j;i++,j--)
    {   c=a[i];
        *(a+i)=*(a+j);
        a[j]=c;
    }
    printf("->%s\n",a);
    c=a[j-1,i=2+j];
    printf("a[%d]=%c\n",i,c);
}
```

运行后输出的数据为（　　）。

A．computer->computer
　a[3]=u

B．computer->retupmoc
　a[5]=m

C．computer->retupmoc
　a[4]=P

D．computer->retupmoc
　a[2]=t

23．下列程序：

```
int sum(int n)
{
    int p=1，s=0，i;
    for(i=1;i<=n;i++)    s+=(p*=i);
    return s;
}
main()
{
    printf("sum(5)=%d\"，sum(5));
}
```

运行后输出的数据为（　　）。

A．sum(5)=151

B．sum(5)=152

C．sum(5)=153

D．sum(5)=155

24．下列程序：

```
main()
{
    static int a[ ]={5,6,7,3,2,9};
    int s1,s2,i,*ptr;
    s1=s2=0;ptr=&a[0];
    for(i=0;i<5;i+=2)
{   s1+=*(ptr+i); s2+=*(ptr+i+1); }
```

```
    printf("s1=%d,s2=%d\n",s1,s2);
}
```

运行后输出的数据为（　　）。

A．s1=18，s2=14　　B．s1=14，s2=32

C．s1=14，s2=18　　D．s1=15，s2=19

25．下列程序：

```
int c=1
main()
{
    static int a=5; int b=6;
    printf("a=%d,b=%d,c=%d\n ",a,b,c);
    func();printf("a=%d,b=%d,c=%d\n ",a,b,c);
    func();
}
func()
{
    static int a=4; int b=10;
    a+=2;c+=10;b+=c;
    printf("a=%d,b=%d,c=%d\n ",a,b,c);
}
```

运行后输出的数据为（　　）。

A．	B．	C．	D．
a=5 b=6 c=1	a=5 b=6 c=1	a=5 b=6 c=1	a=5 b=6 c=1
a=6 b=21 c=11	a=7 b=17 c=11	a=6 b=21 c=11	a=7 b=17 c=11
a=5 b=6 c=11	a=5 b=6 c=11	a=6 b=21 c=11	a=7 b=17 c=11
a=8 b=31 c=21	a=9 b=17 c=21	a=8 b=31 c=21	a=9 b=38 c=21

26．已知：

```
struct student
{
    char *name;
    int student_n;
    char grade;
};
struct student temp,*p=&temp;
temp.name="chou";
```

则下面不正确的是（　　）。

A．p->name　　chou　　B．(*P)->name+2　　h

C．*P->name+2　　e　　D．*(P->name+2)　　O

27．下列程序：

```
#define MAX 10
main()
{
    int i,sum,a[ ]={1,2,3,4,5,6,7,8,9,10};
    sum=1;
```

```
    for(i=0;i<MAX;i++)     sum-=a[i];
    printf("sum=%d",sum);
}
```

程序运行的结果是（　　）。

A．sum=55　　B．sum=-54　　C．sum=-55　　D．sum=54

28．下列程序：

```
void inv(int *x,int n)
{
    int p,t,*i,*j,m=(n-1)/2;
    i=x;j=x+n-1;p=x+m;
    for(;i<p;i++,j- -){
    t=*i;*i=*j;*j=t;
}
return;
}
main()
{   static int i,a[10]={3,7,9,11,0,6,7,5,4,2};
    inv(a,10);
    for(i=0;i<10;i++) printf("%d,",a[i]);
}
```

程序运行的结果是（　　）。

A．0,2,3,4,5,6,7,7,9,11

B．11,9,7,7,6,5,4,3,2,0

C．3,7,9,11,0,6,7,5,4,2

D．2,4,5,7,0,6,11,9,7,3

29．下列程序：

```
main()
{
    int a[10],b[10],*pa,*pb,i;
    pa=a;pb=b;
    for(i=0;i<3;i++,pa++,pb++)
    {
        *pa=i;*pb=2*i;
        printf("%d\t%d\n",*pa,*pb);
    }
    printf("\n");
    pa=&a[0];pb=&b[0];
    for(i=0;i<3;i++)
    {
        *pa=*pa+i;*pb=*pb*i;
        printf("%d\t%d\n",*pa++,*pb++);
    }
}
```

运行后输出的数据为（　　）。

A.		B.		C.		D.	
0	0	0	0	0	0	0	0
1	2	1	2	1	2	2	2
2	4	2	4	2	4	2	4
0	0	0	0	0	0	0	0
2	2	2	2	1	2	1	2
4	8	2	4	2	4	4	8

30．下列程序：

```
copy_string(from,to)
char   *from,*to;
{
    while(*from)   *to++=*from++;
    *to='\0';
}
main()
{
    static char s1[ ]= "c_program.";
    static char s2[80];
    copy_string(s1,s2);
    printf("%s",s2);
    copy_string("123",s2);
    printf("%s\n",s2);
}
```

运行后输出的数据为（　　）。

A．C_program.　　B．123　　C．c_123program.　　D．c_program.123

31．下列程序：

```
#include"stdio.h"
main()
{
    char a[40],b[40];
    int i,j;
    printf("Enter the string: ");
    scanf("%s",a);
    i=j=0;
    while(a[i]!= '\0')
    {
        if(!(a[i]>= '0'&&a[i]<= '9'))
    {
        b[j]=a[i];j++;}
        ++i;
    }
    b[j]= '\0';printf("%s",b);
}
```

运行后输出的结果是（　　）。

A．把键盘输入的字符串显示在屏幕上

B．把键盘输入的字符中的数字字符删除，然后显示该字符串

C．把键盘输入的字符串中的字符 0 和 9 删除，然后显示该字符串

D．只保留由键盘输入的字符串中的字母数字，然后显示该字符串

32．下列程序：

```
#include<stdio.h>
main()
{
    char a[80];
    int i,j;
    printf("Ente the sting: ");
    scanf("%s",a);
    i=0;
    while(a[i]!= '\0')
    {
        if(a[i]>= 'A'&&a[i]<= 'Z')    a[i]=a[i]- 'A'+'a';
        ++i;
    }
    printf("%s",a);
}
```

运行后输出的结果是（　　）。

A．把键盘输入的字符串中的大写字母变换成小写字母，然后显示变换后的字符串

B．把键盘输入的字符串中的数字字符删除，然后显示该字符串

C．把键盘输入的字符串中的小写字母变换成大写字母，然后显示变换后的字符串

D．把键盘输入的字符串原封不动地显示在屏幕上

二、填空题

1．一个整数称为完全平方数，是指它的值是另一个整数的平方。例如 81 是个完全平方数，因为它是 9 的平方。下列程序是在三位的正整数中寻找符合下列条件的整数：它是完全平方数，且三位数字中又有两位数字相同，例如 144（12*12）、676（26*26）等，编写程序找出并输出所有满足上述条件的三位数。

```
main()
{
    int n,k,a,b,c;
    for(k=1; ; k++)
    {
        ___①___
            if(n<100)  ___②___
            if(n<999)  ___③___
        a=n/100;
        b=  ___④___
        c=n%10;
        if(flag(a,b,c))
```

```
            printf("n=%d=%d*%d\n",n,k,k);
        }
    }
flag ______⑤______
{
    retum(!(x-y)*(x-z)*(y-z));
}
```

2．以下程序所列函数 replace(char*s1,char*s2,char strl,char*str2)的功能是将已知字符串 s1 中的所有与字符串 str1 相同的子串替换成字符串 str2，并将替换后所生成的新的字符串存放于字符数组 s2 中。

说明：生成字符串 s2 的过程是一个循环，顺序访问字符串 s1 的每个字符，当从某个字符开始不能构成与 str1 相同的字符串时，就把该字符拷贝到数组 s2，当从某个字符开始能构成一个与 str1 相同的子字符串时，就将字符串 str2 的各字符拷贝到字符数组 s2，并继续访问字符串 s1 中那个子串之后的字符，直至字符串 s1 被访问完毕，字符复制即告结束。

下列程序运行的结果是输出 CBCXYZdefg abABCXYZd abab。

```
replace(char *s1,char *s2,char *strl,char *str2)
{
    char *t0,*t1,*t2;
    while( _____⑥_____ )
    {
        for(t0=s1,t1=str1;*t1!= '\0'&& ______⑦______ ;t0++,t1++);
        if(*t1 != '\0')*s2+ + = ______⑧______
          else\ {
                for(t1=str2;*t1 != '\0';)
                *s2+ + =______⑨______
                 ______⑩______
              }
    }
    *s2='\0';
}
main()
{
    char s1[ ]= "abcdefg ababcd abab.";
    char s2[80];
    replace(s1,s2,"abc",ABCXYZ);
    printf("%s\n",s2);
}
```

12.4　本章小结

本章有三套 C 语言试题，题型为选择题和填空题，通过试题练习来巩固 C 语言基础知识，提高答题能力。

附录 I　ASCII 码表

<table>
<tr><th>ASCII 值</th><th>字符</th><th>ASCII 值</th><th>字符</th><th>ASCII 值</th><th>字符</th><th>ASCII 值</th><th>字符</th></tr>
<tr><td>0</td><td>NUT</td><td>32</td><td>(space)</td><td>64</td><td>@</td><td>96</td><td>、</td></tr>
<tr><td>1</td><td>SOH</td><td>33</td><td>!</td><td>65</td><td>A</td><td>97</td><td>a</td></tr>
<tr><td>2</td><td>STX</td><td>34</td><td>”</td><td>66</td><td>B</td><td>98</td><td>b</td></tr>
<tr><td>3</td><td>ETX</td><td>35</td><td>#</td><td>67</td><td>C</td><td>99</td><td>c</td></tr>
<tr><td>4</td><td>EOT</td><td>36</td><td>$</td><td>68</td><td>D</td><td>100</td><td>d</td></tr>
<tr><td>5</td><td>ENQ</td><td>37</td><td>%</td><td>69</td><td>E</td><td>101</td><td>e</td></tr>
<tr><td>6</td><td>ACK</td><td>38</td><td>&</td><td>70</td><td>F</td><td>102</td><td>f</td></tr>
<tr><td>7</td><td>BEL</td><td>39</td><td>‘</td><td>71</td><td>G</td><td>103</td><td>g</td></tr>
<tr><td>8</td><td>BS</td><td>40</td><td>(</td><td>72</td><td>H</td><td>104</td><td>h</td></tr>
<tr><td>9</td><td>HT</td><td>41</td><td>)</td><td>73</td><td>I</td><td>105</td><td>i</td></tr>
<tr><td>10</td><td>LF</td><td>42</td><td>*</td><td>74</td><td>J</td><td>106</td><td>j</td></tr>
<tr><td>11</td><td>VT</td><td>43</td><td>+</td><td>75</td><td>K</td><td>107</td><td>k</td></tr>
<tr><td>12</td><td>FF</td><td>44</td><td>,</td><td>76</td><td>L</td><td>108</td><td>l</td></tr>
<tr><td>13</td><td>CR</td><td>45</td><td>-</td><td>77</td><td>M</td><td>109</td><td>m</td></tr>
<tr><td>14</td><td>SO</td><td>46</td><td>.</td><td>78</td><td>N</td><td>110</td><td>n</td></tr>
<tr><td>15</td><td>SI</td><td>47</td><td>/</td><td>79</td><td>O</td><td>111</td><td>o</td></tr>
<tr><td>16</td><td>DLE</td><td>48</td><td>0</td><td>80</td><td>P</td><td>112</td><td>p</td></tr>
<tr><td>17</td><td>DCI</td><td>49</td><td>1</td><td>81</td><td>Q</td><td>113</td><td>q</td></tr>
<tr><td>18</td><td>DC2</td><td>50</td><td>2</td><td>82</td><td>R</td><td>114</td><td>r</td></tr>
<tr><td>19</td><td>DC3</td><td>51</td><td>3</td><td>83</td><td>X</td><td>115</td><td>s</td></tr>
<tr><td>20</td><td>DC4</td><td>52</td><td>4</td><td>84</td><td>T</td><td>116</td><td>t</td></tr>
<tr><td>21</td><td>NAK</td><td>53</td><td>5</td><td>85</td><td>U</td><td>117</td><td>u</td></tr>
<tr><td>22</td><td>SYN</td><td>54</td><td>6</td><td>86</td><td>V</td><td>118</td><td>v</td></tr>
<tr><td>23</td><td>TB</td><td>55</td><td>7</td><td>87</td><td>W</td><td>119</td><td>w</td></tr>
<tr><td>24</td><td>CAN</td><td>56</td><td>8</td><td>88</td><td>X</td><td>120</td><td>x</td></tr>
<tr><td>25</td><td>EM</td><td>57</td><td>9</td><td>89</td><td>Y</td><td>121</td><td>y</td></tr>
<tr><td>26</td><td>SUB</td><td>58</td><td>:</td><td>90</td><td>Z</td><td>122</td><td>z</td></tr>
<tr><td>27</td><td>ESC</td><td>59</td><td>;</td><td>91</td><td>[</td><td>123</td><td>{</td></tr>
<tr><td>28</td><td>FS</td><td>60</td><td><</td><td>92</td><td>/</td><td>124</td><td>|</td></tr>
<tr><td>29</td><td>GS</td><td>61</td><td>=</td><td>93</td><td>]</td><td>125</td><td>}</td></tr>
<tr><td>30</td><td>RS</td><td>62</td><td>></td><td>94</td><td>^</td><td>126</td><td>~</td></tr>
<tr><td>31</td><td>US</td><td>63</td><td>?</td><td>95</td><td>—</td><td>127</td><td>DEL</td></tr>
</table>

附录Ⅱ　C语言中的关键字

auto	声明自动变量，一般不使用
break	跳出当前循环
case	开关语句分支
char	声明字符型变量或函数
const	声明只读变量
continue	结束当前循环，开始下一轮循环
default	开关语句中的“其他”分支
do	循环语句的循环体
double	声明双精度变量或函数
else	条件语句否定分支（与 if 连用）
enum	声明枚举类型
extern	声明变量是在其他文件中声明
float	声明浮点型变量或函数
for	一种循环语句
goto	无条件跳转语句
if	条件语句
int	声明整型变量或函数
long	声明长整型变量或函数
register	声明寄存器变量
return	子程序返回语句
short	声明短整型变量或函数
signed	声明有符号类型变量或函数
sizeof	计算数据类型长度
static	声明静态变量
struct	声明结构体变量或函数
switch	用于开关语句
typedef	用以给数据类型取别名
union	声明联合数据类型
unsigned	声明无符号类型变量或函数
void	声明函数无返回值或无参数，声明无类型指针
volatile	说明变量在程序执行中可被隐含地改变
while	循环语句的循环条件

附录Ⅲ　运算符优先级和结合性

<table>
<tr><th>优先级</th><th>运算符</th><th>含义</th><th>运算类型</th><th>结合性</th></tr>
<tr><td>1</td><td>( )
[ ]
->
.</td><td>圆括号
下标运算符
指向结构体成员运算符
结构体成员运算符</td><td>单目</td><td>自左向右</td></tr>
<tr><td>2</td><td>!
～
++ --
(类型关键字)
+ -
*
&
sizeof</td><td>逻辑非运算符
按位取反运算符
自增、自减运算符
强制类型转换
正、负号运算符
指针运算符
地址运算符
长度运算符</td><td>单目</td><td>自右向左</td></tr>
<tr><td>3</td><td>* / %</td><td>乘、除、取余运算符</td><td>双目</td><td>自左向右</td></tr>
<tr><td>4</td><td>+ -</td><td>加、减运算符</td><td>双目</td><td>自左向右</td></tr>
<tr><td>5</td><td><<
>></td><td>左移运算符
右移运算符</td><td>双目</td><td>自左向右</td></tr>
<tr><td>6</td><td>< <= > >=</td><td>小于、小于等于、大于、大于等于</td><td>关系</td><td>自左向右</td></tr>
<tr><td>7</td><td>= = !=</td><td>等于、不等于</td><td>关系</td><td>自左向右</td></tr>
<tr><td>8</td><td>&</td><td>按位与运算符</td><td>位运算</td><td>自左向右</td></tr>
<tr><td>9</td><td>^</td><td>按位异或运算符</td><td>位运算</td><td>自左向右</td></tr>
<tr><td>10</td><td>|</td><td>按位或运算符</td><td>位运算</td><td>自左向右</td></tr>
<tr><td>11</td><td>&&</td><td>逻辑与运算符</td><td>位运算</td><td>自左向右</td></tr>
<tr><td>12</td><td>||</td><td>逻辑或运算符</td><td>位运算</td><td>自左向右</td></tr>
<tr><td>13</td><td>? :</td><td>条件运算符</td><td>三目</td><td>自右向左</td></tr>
<tr><td>14</td><td>= += -=
*= /= %= <<=
>>= &= ^= |=</td><td>赋值运算符</td><td>双目</td><td>自右向左</td></tr>
<tr><td>15</td><td>,</td><td>逗号运算</td><td>顺序</td><td>自左向右</td></tr>
</table>

附录Ⅳ　C 语言库函数

一、数学函数

调用数学函数时，要求在源文件中包含命令行：#include <math.h>

函数原型	功能	返回值	说明
int abs(int x)	求整数 x 的绝对值	计算结果	
double fabs(double x)	求双精度实数 x 的绝对值	计算结果	
double acos(double x)	计算 $\cos^{-1}(x)$的值	计算结果	x 在-1～1 范围内
double asin(double x)	计算 $\sin^{-1}(x)$的值	计算结果	x 在-1～1 范围内
double atan(double x)	计算 $\tan^{-1}(x)$的值	计算结果	
double atan2(double x)	计算 $\tan^{-1}(x/y)$的值	计算结果	
double cos(double x)	计算 cos(x)的值	计算结果	x 的单位为弧度
double cosh(double x)	计算双曲余弦 cosh(x)的值	计算结果	
double exp(double x)	求 e^x 的值	计算结果	
double fabs(double x)	求双精度实数 x 的绝对值	计算结果	
double floor(double x)	求不大于双精度实数 x 的最大整数		
double log(double x)	求 ln x	计算结果	x>0
double log10(double x)	求 $\log_{10}x$	计算结果	x>0
double pow(double x,double y)	计算 x^y 的值	计算结果	
double sin(double x)	计算 sin(x)的值	计算结果	x 的单位为弧度
double sinh(double x)	计算 x 的双曲正弦函数 sinh(x)的值	计算结果	
double sqrt(double x)	计算 x 的开方	计算结果	x≥0
double tan(double x)	计算 tan(x)的值	计算结果	
double tanh(double x)	计算 x 的双曲正切函数 tanh(x)的值	计算结果	

二、字符函数

调用字符函数时，要求在源文件中包含命令行：#include <ctype.h>

函数原型说明	功能	返回值
int isalnum(int ch)	检查 ch 是否为字母或数字	是，返回 1；否则返回 0
int isalpha(int ch)	检查 ch 是否为字母	是，返回 1；否则返回 0
int iscntrl(int ch)	检查 ch 是否为控制字符	是，返回 1；否则返回 0
int isdigit(int ch)	检查 ch 是否为数字	是，返回 1；否则返回 0
int islower(int ch)	检查 ch 是否为小写字母	是，返回 1；否则返回 0
int isprint(int ch)	检查 ch 是否为包含空格符在内的可打印字符	是，返回 1；否则返回 0
int isupper(int ch)	检查 ch 是否为大写字母	是，返回 1；否则返回 0
int isxdigit(int ch)	检查 ch 是否为十六进制数	是，返回 1；否则返回 0
int tolower(int ch)	把 ch 中的字母转换成小写字母	返回对应的小写字母
int toupper(int ch)	把 ch 中的字母转换成大写字母	返回对应的大写字母

三、字符串函数

调用字符串函数时，要求在源文件中包含命令行：#include <string.h>

函数原型说明	功能	返回值
char *strcat(char *s1,char *s2)	把字符串 s2 接到 s1 后面	s1 所指地址
char *strchr(char *s,int ch)	在 s 所指字符串中找出第一次出现字符 ch 的位置	返回找到的字符的地址，找不到返回 NULL
int strcmp(char *s1,char *s2)	对 s1 和 s2 所指字符串进行比较	s1<s2，返回负数；s1==s2，返回 0；s1>s2，返回正数
char *strcpy(char *s1,char *s2)	把 s2 指向的串复制到 s1 指向的空间	s1 所指地址
unsigned strlen(char *s)	求字符串 s 的长度	返回串中字符（不计最后的'\0'）个数
char *strstr(char *s1,char *s2)	在 s1 所指字符串中找出字符串 s2 第一次出现的位置	返回找到的字符串的地址，找不到返回 NULL

四、输入输出函数

调用输入输出函数时，要求在源文件中包含命令行：#include <stdio.h>

函数原型说明	功能	返回值
void clearer(FILE *fp)	清除与文件指针 fp 有关的所有出错信息	无
int fclose(FILE *fp)	关闭 fp 所指的文件，释放文件缓冲区	出错返回非 0，否则返回 0

续表

函数原型说明	功能	返回值
int feof (FILE *fp)	检查文件是否结束	遇文件结束返回非 0，否则返回 0
int fgetc (FILE *fp)	从 fp 所指的文件中取得下一个字符	出错返回 EOF，否则返回所读字符
char *fgets(char *buf,int n,FILE *fp)	从 fp 所指的文件中读取一个长度为 n-1 的字符串，将其存入 buf 所指存储区	返回 buf 所指地址，若遇文件结束或出错返回 NULL
FILE *fopen(char *filename,char *mode)	以 mode 指定的方式打开名为 filename 的文件	成功，返回文件指针（文件信息区的起始地址），否则返回 NULL
int fprintf(FILE *fp,char *format,args,…)	把 args,…的值以 format 指定的格式输出到 fp 指定的文件中	实际输出的字符数
int fputc(char ch,FILE *fp)	把 ch 中的字符输出到 fp 指定的文件中	成功返回该字符，否则返回 EOF
int fputs(char *str,FILE *fp)	把 str 所指的字符串输出到 fp 所指的文件中	成功返回非负整数，否则返回-1（EOF）
int fread(char *pt,unsigned size,unsigned n,FILE *fp)	从 fp 所指的文件中读取长度 size 为 n 个数据项存到 pt 所指的文件中	读取的数据项个数
int fscanf (FILE *fp,char *format,args,…)	从 fp 所指的文件中按 format 指定的格式把输入数据存入到 args,…所指的内存中	已输入的数据个数，遇文件结束或出错返回 0
int fseek (FILE *fp,long offer,int base)	移动 fp 所指文件的位置指针	成功返回当前位置，否则返回非 0
long ftell (FILE *fp)	求出 fp 所指文件当前的读写位置	读写位置，出错返回 -1L
int fwrite(char *pt,unsigned size,unsigned n,FILE *fp)	把 pt 所指向的 n*size 个字节输入到 fp 所指的文件中	输出的数据项个数
int getc (FILE *fp)	从 fp 所指的文件中读取一个字符	返回所读字符，若出错或文件结束返回 EOF
int getchar(void)	从标准输入设备读取下一个字符	返回所读字符，若出错或文件结束返回-1
char *gets(char *s)	从标准设备读取一行字符串放入 s 所指存储区，用'\0'替换读入的换行符	返回 s，出错返回 NULL
int printf(char *format,args,…)	把 args,…的值以 format 指定的格式输出到标准输出设备	输出字符的个数
int putc (int ch,FILE *fp)	同 fputc	同 fputc
int putchar(char ch)	把 ch 输出到标准输出设备	返回输出的字符，若出错则返回 EOF
int puts(char *str)	把 str 所指的字符串输出到标准设备，将'\0'转成回车换行符	返回换行符，若出错返回 EOF

续表

函数原型说明	功能	返回值
int rename(char *oldname,char *newname)	把 oldname 所指的文件名改为 newname 所指的文件名	成功返回 0，出错返回-1
void rewind(FILE *fp)	将文件位置指针置于文件开头	无
int scanf(char *format,args,…)	从标准输入设备按 format 指定的格式把输入数据存入到 args,…所指的内存中	已输入数据的个数

五、动态分配函数和随机函数

调用动态分配函数和随机函数时，要求在源文件中包含命令行：#include <stdlib.h>

函数原型说明	功能	返回值
void *calloc(unsigned n,unsigned size)	分配 n 个数据项的内存空间，每个数据项的大小为 size 个字节	分配内存单元的起始地址；如不成功，返回 0
void *free(void *p)	释放 p 所指的内存区	无
void *malloc(unsigned size)	分配 size 个字节的存储空间	分配内存空间的地址；如不成功，返回 0
void *realloc(void *p,unsigned size)	把 p 所指内存区的大小改为 size 个字节	新分配内存空间的地址；如不成功，返回 0
int rand(void)	产生 0～32767 的随机整数	返回一个随机整数
void exit(int state)	程序终止执行，返回调用过程，state 为 0 正常终止，为非 0 非正常终止	无

附录V　全国计算机等级考试简介

一、项目介绍

全国计算机等级考试（National Computer Rank Examination，NCRE），是经原国家教育委员会（现教育部）批准，由教育部考试中心主办，面向社会，用于考查应试人员计算机应用知识与技能的全国性计算机水平考试体系。

二、级别与科目设置（2013 版）

级别	科目名称	考试时间	考试方式
一级	计算机基础及 WPS Office 应用	90 分钟	机考
	计算机基础及 MS Office 应用	90 分钟	机考
	计算机基础及 Photoshop 应用	90 分钟	机考
二级	C 语言程序设计	120 分钟	机考
	Visual Basic 语言程序设计	120 分钟	机考
	VFP 数据库程序设计	120 分钟	机考
	Java 语言程序设计	120 分钟	机考
	Access 数据库程序设计	120 分钟	机考
	C++ 语言程序设计	120 分钟	机考
	MySQL 数据库程序设计	120 分钟	机考
	Web 程序设计	120 分钟	机考
	MS Office 高级应用	120 分钟	机考
三级	网络技术	120 分钟	机考
	数据库技术	120 分钟	机考
	软件测试技术	120 分钟	机考
	信息安全技术	120 分钟	机考
	嵌入式系统开发技术	120 分钟	机考
四级	网络工程师	90 分钟	机考
	数据库工程师	90 分钟	机考
	软件测试工程师	90 分钟	机考
	信息安全工程师	90 分钟	机考
	嵌入式系统开发工程师	90 分钟	机考

其中：

一级：操作技能级。考核计算机基础知识及计算机基本操作能力，包括 Office 办公软件、图形图像软件。

二级：程序设计/办公软件高级应用级。考核内容包括计算机语言与基础程序设计能力，要求参试者掌握一门计算机语言，可选类别有高级语言程序设计类、数据库程序设计类、Web 程序设计类等；二级还包括办公软件高级应用能力，要求参试者具有计算机应用知识及 MS Office 办公软件的高级应用能力，能够在实际办公环境中开展具体应用。

三级：工程师预备级。三级证书面向已持有二级相关证书的考生，考核面向应用、面向职业的岗位专业技能。

四级：工程师级。四级证书面向已持有三级相关证书的考生，考核计算机专业课程，是面向应用、面向职业的工程师岗位证书。

三、报考条件

考生不受年龄、职业、学历等背景的限制，任何人均可根据自己的学习情况和实际能力选考相应的级别和科目，报考三级的考生应持有二级相关证书，报考四级的考生应持有三级相关证书。考生可携带有效身份证件到就近考点报名。

四、报名方式、时间和考试地点

每次考试报名的具体时间和方式由各省市招生办规定。

五、考试时间

全国计算机等级考试每年举行两次，考试一般持续 4 天。上半年考试一般从三月倒数第一个周六开始，下半年考试一般从九月倒数第二个周六开始。

六、考试费用

根据国家教育部考试中心的有关文件及区教育厅、区物价局和区财政厅的有关文件规定，每个考生在报名时应缴纳报名考试费，每人每科一级二级三级 97 元，四级 137 元，缺考者报名考试费一律不退。

七、考试成绩的确定和合格证书的颁发

NCRE 考试实行百分制计分，但以等第分数通知考生成绩。等第分数分为“不及格”“及格”“优秀”三等。考试成绩在“及格”以上者，由教育部考试中心发合格证书。考试成绩为“优秀”的，合格证书上会注明“优秀”字样。

NCRE 合格证书式样按国际通行证书式样设计，用中、英两种文字书写，证书编号全国统一，证书上印有持有人身份证号码。该证书全国通用，是持有人计算机应用能力的证明。

附录Ⅵ　二级C语言考试大纲（2013版）

基本要求

1．熟悉Visual C++ 6.0集成开发环境。

2．掌握结构化程序设计的方法，具有良好的程序设计风格。

3．掌握程序设计中简单的数据结构和算法并能阅读简单的程序。

4．在Visual C++ 6.0集成环境下，能够编写简单的C程序，并具有基本的纠错和调试程序的能力。

考试内容

一、C语言程序的结构

1．程序的构成、main函数和其他函数。

2．头文件、数据说明、函数的开始和结束标志以及程序中的注释。

3．源程序的书写格式。

4．C语言的风格。

二、数据类型及其运算

1．C的数据类型（基本类型、构造类型、指针类型、无值类型）及其定义方法。

2．C运算符的种类、运算优先级和结合性。

3．不同类型数据间的转换与运算。

4．C表达式类型（赋值表达式、算术表达式、关系表达式、逻辑表达式、条件表达式、逗号表达式）和求值规则。二级各科考试的公共基础知识大纲及样题见高等教育出版社出版的《全国计算机等级考试二级教程——公共基础知识（2013年版）》的附录部分。

三、基本语句

1．表达式语句、空语句、复合语句。

2．输入输出函数的调用，正确输入数据并正确设计输出格式。

四、选择结构程序设计

1．用if语句实现选择结构。

2．用 switch 语句实现多分支选择结构。
3．选择结构的嵌套。

五、循环结构程序设计

1．for 循环结构。
2．while 和 do-while 循环结构。
3．continue 语句和 break 语句。
4．循环的嵌套。

六、数组的定义和引用

1．一维数组和二维数组的定义、初始化和数组元素的引用。
2．字符串与字符数组。

七、函数

1．库函数的正确调用。
2．函数的定义方法。
3．函数的类型和返回值。
4．形式参数与实在参数、参数值的传递。
5．函数的正确调用、嵌套调用、递归调用。
6．局部变量和全局变量。
7．变量的存储类别（自动、静态、寄存器、外部）、变量的作用域和生存期。

八、编译预处理

1．宏定义和调用（不带参数的宏、带参数的宏）。
2．“文件包含”处理。

九、指针

1．地址与指针变量的概念，地址运算符与间址运算符。
2．一维数组、二维数组和字符串的地址以及指向变量、数组、字符串、函数、结构体的指针变量的定义。通过指针引用以上各类型数据。
3．用指针作函数参数。
4．返回地址值的函数。
5．指针数组、指向指针的指针。

十、结构体与共同体

1．用 typedef 说明一个新类型。
2．结构体和共用体类型数据的定义和成员的引用。

3．通过结构体构成链表，单向链表的建立，结点数据的输出、删除与插入。

十一、位运算

1．位运算符的含义和使用。

2．简单的位运算。

十二、文件操作

只要求缓冲文件系统（即高级磁盘 I/ O 系统），对非标准缓冲文件系统（即低级磁盘 I/O 系统）不要求。

1．文件类型指针（FILE 类型指针）。

2．文件的打开与关闭（fopen、fclose）。

3．文件的读写（fputc、fgetc、fputs、fgets、fread、fwrite、fprintf 和 fscanf 函数的应用）、文件的定位（rewind 和 fseek 函数的应用）。

考试方式

上机考试，考试时长 120 分钟，满分 100 分。

题型及分值：单项选择题 40 分（含公共基础知识部分 10 分）、操作题 60 分（包括填空题、改错题和编程题）。

考试环境：Visual C++ 6.0。

参考文献

[1] 谭浩强．C 程序设计[M]．4 版．北京：清华大学出版社，2013．

[2] 陆洲，韩耀坤．C 语言实验与实训指导教程[M]．北京：清华大学出版社，2014．

[3] 陈广红．C 语言程序设计[M]．武汉：武汉大学出版社，2008．

[4] 王伟．C 语言程序设计[M]．北京：中国水利水电出版社，2008．

[5] 刘瑞新．Visual C++面向对象程序设计教程[M]．北京：机械工业出版社，2004．